趙州橋是世界上最早最長的石拱橋，結構堅固，雄偉壯觀，曾被
程碑，被譽為「天下第一橋」。寶帶橋是中國最長一座古代多孔聯拱
輕盈，風格壯麗，奇巧多姿，為江南名勝。魚沼飛梁歷經風雨，卻
了下來，成為中國古代十大名橋之一，譽為「世界上最古老的立交橋

橋的國度

穿越古今的著名橋樑

齊志斌 編著

崧燁文化

目錄

京西鎖鑰盧溝橋

西南最長橋祝聖橋

序言

文化是民族的血脈，是人民的精神家園。

文化是立國之根，最終體現在文化的發展繁榮。博大精深的中華優秀傳統文化是我們在世界文化激盪中站穩腳跟的根基。中華文化源遠流長，積澱著中華民族最深層的精神追求，代表著中華民族獨特的精神標識，為中華民族生生不息、發展壯大提供了豐厚滋養。我們要認識中華文化的獨特創造、價值理念、鮮明特色，增強文化自信和價值自信。

面對世界各國形形色色的文化現象，面對各種眼花繚亂的現代傳媒，要堅持文化自信，古為今用、洋為中用、推陳出新，有鑑別地加以對待，有揚棄地予以繼承，傳承和昇華中華優秀傳統文化，增強國家文化軟實力。

浩浩歷史長河，熊熊文明薪火，中華文化源遠流長，滾滾黃河、滔滔長江，是最直接源頭，這兩大文化浪濤經過千百年沖刷洗禮和不斷交流、融合以及沉澱，最終形成了求同存異、兼收並蓄的輝煌燦爛的中華文明，也是世界上唯一綿延不絕而從沒中斷的古老文化，並始終充滿了生機與活力。

中華文化曾是東方文化搖籃，也是推動世界文明不斷前行的動力之一。早在五百年前，中華文化的四大發明催生了歐洲文藝復興運動和地理大發現。中國四大發明先後傳到西方，對於促進西方工業社會發展和形成，曾造成了重要作用。

中華文化的力量，已經深深熔鑄到我們的生命力、創造力和凝聚力中，是我們民族的基因。中華民族的精神，也已深深植根於綿延數千年的優秀文化傳統之中，是我們的精神家園。

總之，中華文化博大精深，是中華各族人民五千年來創造、傳承下來的物質文明和精神文明的總和，其內容包羅萬象，浩若星漢，具有很強文化縱深，蘊含豐富寶藏。我們要實現中華文化偉大復興，首先要站在傳統文化前沿，薪火相傳，一脈相承，弘揚和發展五千年來優秀的、光明的、先進的、科學的、文明的和自豪的文化現象，融合古今中外一切文化精華，構建具有

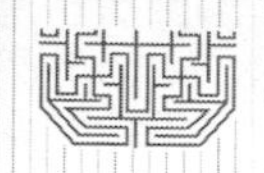

中華文化特色的現代民族文化，向世界和未來展示中華民族的文化力量、文化價值、文化形態與文化風采。

為此，在有關專家指導下，我們收集整理了大量古今資料和最新研究成果，特別編撰了本套大型書系。主要包括獨具特色的語言文字、浩如煙海的文化典籍、名揚世界的科技工藝、異彩紛呈的文學藝術、充滿智慧的中國哲學、完備而深刻的倫理道德、古風古韻的建築遺存、深具內涵的自然名勝、悠久傳承的歷史文明，還有各具特色又相互交融的地域文化和民族文化等，充分顯示了中華民族厚重文化底蘊和強大民族凝聚力，具有極強系統性、廣博性和規模性。

本套書系的特點是全景展現，縱橫捭闔，內容採取講故事的方式進行敘述，語言通俗，明白曉暢，圖文並茂，形象直觀，古風古韻，格調高雅，具有很強的可讀性、欣賞性、知識性和延伸性，能夠讓廣大讀者全面觸摸和感受中華文化的豐富內涵。

肖東發

天下第一橋趙州橋

趙州橋建於公元六〇五年前後，由隋代著名匠師李春設計和建造，已有一千四百多年歷史，是世界上最早和保存最完整的石拱橋。

趙州橋又名「安濟橋」，位於河北省趙縣的洨河上。趙州橋是一座單拱橋，拱長達三十七點零二公尺，在當時可算是世界上最長的石拱。

橋洞不是普通半圓形，而像一張弓，橋面平坦寬闊，成為「坦拱」，兼顧了水陸交通，方便了車馬運行。古人用「初月出雲」、「高虹橫水」、「奇巧甲天下」來形容趙州橋的絕妙。趙州橋曾被評為國際土木工程里程碑，被譽為「天下第一橋」。

魯班兄妹打賭修橋

傳說是在古時候，木匠祖師爺魯班領著妹妹魯姜路過河北趙州城的南洨河渡口，一條白茫茫的洨河攔住了去路，河寬水深，風高浪急。

魯班（公元前五〇七至前四四四年），姓公輸名般，又稱公輸子、公輸盤、班輸、魯般。故里在山東滕州。春秋末期到戰國初期魯國土木工匠。魯班是中國古代的一位出色的發明家，兩千多年以來，他的名字和有關他的故事，一直在廣大人民群眾中流傳。中國的土木工匠們都尊稱他為「祖師」。

河邊上推車的，擔擔的，賣蔥的，賣蒜的，騎馬趕考的，拉驢趕廟會的，鬧鬧嚷嚷，爭著過河進城。河裡只有兩艘小船擺來擺去，半天也過不了幾個人。

趙州橋

魯班看到後，就問他們：「你們怎麼不在河上修座橋呢？不用每天在河裡穿梭了！」

人們都說：「這河又寬、水又深、浪又急，誰敢修呀！打著燈籠，也找不著這樣的能工巧匠！」

魯班聽了心裡一動，和妹妹魯姜商量好，要為來往的行人修兩座橋。

於是，魯班就對妹妹說：「咱先修大石橋後修小石橋吧！」

魯姜說：「行！」

魯班說：「修橋是苦差事，你可別怕吃苦啊！」

魯姜說：「不怕！」

魯班說：「不怕就好。你心又笨，手又拙，再怕吃苦就麻煩了。」

這一句話把魯姜惹得不高興了。她說：「你別嫌我心笨手拙，今個兒，咱倆分開修，你修大的，我修小的，和你比賽一下，看誰修得快，修得好。」

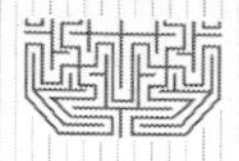

趙州橋石欄板

魯班說：「好，比吧！啥時動工，啥時修完？」

魯姜說：「天黑出星星動工，雞叫天明收工。」

一言為定，兄妹於是分頭開始準備。

魯班不慌不忙往西向山裡走去了。魯姜到了城西，急急忙忙就動手。她一邊修一邊想：等著瞧吧！我非贏不可！果然，三更沒過，她就把小石橋修好了。

隨後，魯姜悄悄地跑到城南，看看她哥哥修成什麼樣子了。她來到城南一看，河上連個橋影兒也沒有，魯班也不在河邊。她心想哥哥這回輸定了。

當魯姜扭頭一看，西邊太行山上，一個人趕著一群綿羊，蹦蹦竄竄地往山下來了。等她走近了一看，原來趕羊的才是她哥哥。

哥哥哪是趕的羊群呀！分明趕來的是一塊塊像雪花一樣白、像玉石一樣光潤的石頭，這些石頭來到河邊，一眨眼的工夫就變成了加工好的各種石料。

有正方形的橋基石，長方形的橋面石，月牙形的拱圈石，還有漂亮的欄板，美麗的望柱，凡橋上用的，應有盡有。

魯姜一看心裡一驚，這麼好的石頭造起橋來該有多結實呀！相比之下，自己造的那個不行，需要趕緊想法補救。重修來不及了，就在雕刻上下功夫勝過哥哥吧！

魯姜悄悄地回到城西動起手來，在欄杆上刻了盤古開天、大禹治水，又刻了牛郎織女、丹鳳朝陽。什麼珍禽異獸、奇花異草，都刻得像真的一樣。刻得鳥兒展翅能飛，刻得花兒香味撲鼻。

魯姜瞅著那精美的雕刻簡直滿意極了，她又跑到城南去偷看哥哥。

趙縣趙州橋

乍一看呀！她簡直驚呆了。天上的長虹，怎麼落到了河上呢？她定睛再仔細一看，原來哥哥把橋造好了，只差安好橋頭上最後一根望柱了。

魯姜怕哥哥贏了自己，就跟哥哥開了個玩笑。她閃身蹲在柳樹後面，捏住嗓子伸著脖子「咕咕哏」地學了一聲雞叫。

她這一叫，引得附近老百姓家裡的雞也都叫了起來。魯班剛剛裝飾好橋的中部，忽然聽到雞叫，真的以為是天亮了。他為人最講信用，並謹遵約定，他趕忙把最後一根望柱往橋上一安，橋也算修成了。

這場兄妹建橋比賽，兩人各有千秋，大石橋以工程巨大而領先，小石橋以欄板雕飾而更勝一籌。哥哥魯班雖然輸了，但他為妹妹的精湛技藝而心裡感到十分高興。

趙州橋附近的魯班祠

這兩座橋，一大一小，都很精美。

魯班的大石橋，氣勢雄偉，堅固耐用。魯姜修的小石橋，精巧玲瑰，秀麗喜人。趙州一夜修起了兩座橋，第二天就轟動了附近的州衙府縣。

人人看了，人人讚美。能工巧匠來這裡學手藝，巧手姑娘來這裡描花樣。每天來參觀的人，像流水一樣。

這件奇事很快就傳到了蓬萊仙島仙人張果老的耳朵裡，他就騎著毛驢，興沖沖地趕來看熱鬧。他在路上遇到了推車的柴王爺和拉車的趙匡胤，於是三人一同來到郊河畔觀橋。看過趙州橋後，三人無不暗暗驚嘆魯班的精湛技藝。

為了考驗魯班，張果老與魯班打賭，如果他們三位能順利過橋，而橋不倒，從此便倒騎毛驢。魯班心想：這座橋，騾馬大車都能過，三個人算什麼，於是就請他們上橋。

三人走上橋時，張果老轉身施法術，聚來日月星辰，裝入身上的褡褳裡，柴王爺和趙匡胤也運用法術聚來了五嶽名山，悄悄放在了獨輪車上。

由於載重猛增，三人還沒有走到橋中間，大橋就承受不住了，開始搖晃起來。

張果老，張姓果名，隱於襄陽條山。唐代武則天時已逾百歲，多次被武后、唐玄宗召見，還被唐玄宗授以銀青光祿大夫，賜號通玄先生。以後他以「年老多病」為由，又回到仙翁山去了，是當時有名的道士。後來他被神化了，成為了八仙之一。

魯班一見不好，急忙跳進水中，用手撐住大橋的東側，大橋才轉危為安，張果老三人順利地走過了大橋。張果老當面認輸，只有從此開始倒騎著毛驢子。

因為魯班撐大橋時使勁太大，在大橋東拱圈下便留下了他的手印。橋上也因此留下了驢蹄印、車道溝、柴王爺跌倒時留下的一個膝印和張果老斗笠掉在橋上時打出的圓坑。

大橋是魯班建造的傳說以及張果老倒騎毛驢的故事，被民間口口相傳，流傳十分廣泛。其中最有名的，就是那首膾炙人口的民歌《小放牛》這樣唱道：

趙州橋是什麼人修？玉石欄杆什麼人留？

什麼人騎驢橋上過？什麼人推車軋了一道溝……

趙州橋是魯班爺修，玉石欄杆聖人留，

張果老騎驢橋上過，柴王爺推車軋了一道溝……

【閱讀連結】

傳說五代時期後周皇帝柴榮聽到魯班在趙州修橋的消息後，他為國家有這樣的賢良能人而感到十分高興。他化妝成普通百姓，推上獨輪車，並殿前親點趙匡胤拉車，到趙州橋考查封賞魯班。

柴榮的小車將至橋中，因為車沉橋陡，柴榮腳下一滑，單膝跪在橋上，把橋面上壓了一個膝印和一道車溝。魯班看出這人是世宗皇帝，急忙上前跪拜。

柴榮說：「你為民修橋有功，任你挑選，朕要封你為官。」

魯班拜謝聖意，表示願做工匠一世，別無所求。柴榮大喜，當場書寫「魯班仙師」匾額一塊，賜予魯班。

李春設計建造趙州橋

魯班在趙州修橋僅僅是一個美麗的傳說而已，真實的情況是其實是這樣的。隋代統一中國後，結束了長期以來南北分裂、兵戈相見的局面，大大促進了當時當時社會經濟、文化等各方面的發展。

趙州橋影壁牆

在當時，河北的趙縣是南北交通的必經之地，從這裡北上可到達重鎮涿郡，南下可抵達京都洛陽，因此，這裡的交通十分繁忙。

但是，趙縣這一交通要道在當時卻被城外的河流所阻斷，嚴重影響了人們的交通往來，而且每當洪水季節甚至不能通行。

鑒於這種情況，公元六〇五年，當地官府決定在洨河上建造一座大型石橋，以結束長期以來交通不便的狀況。於是，官府就選派造橋匠師李春負責大橋設計和施工的主要工匠，在洨河建造大橋。

李春銅塑像

李春就地取材，選用附近州縣生產的質地堅硬的青灰色砂石作為建橋石料。

中國古代習慣上把弧形的橋洞、門洞之類的建築叫做「券」。

拱券是一種建築結構，簡稱「拱」，或「券」，又稱「券洞」、「法圈」、「法券」。它除了豎向荷重時具有良好的承重特性外，還起著裝飾美化的作用。其外形為圓弧狀，由於各種建築類型的不同，拱券的形式略有變化。

在石拱砌置方法上，李春均採用了縱向的砌置方法，就是整個大橋是由二十八道各自獨立的拱券沿寬度方向並列組合而成。拱厚皆為一點零三公尺，每券各自獨立、單獨操作，相當靈活。

趙州橋遠景

每券砌完全合龍後就成了一道獨立拼券，砌完一道拱券，移動承擔重量的「鷹架」，再砌另一道相鄰拱。

這種砌法有很多優點，它既可以節省製作「鷹架」所用的木材，便於移動，同時又利於橋的維修，一道拱券的石塊損壞了，只要嵌入新石，進行局部修整就行了，而不必對整個橋進行調整。

李春還根據自己多年豐富的實踐經驗，經過嚴格周密地勘查和比較，他選擇了洨河兩岸較為平直的地方建橋。

這裡的地層是由河水沖積而成，地層表面是久經水流沖刷的粗砂層，以下是細石、粗石、細砂和黏土層。

根據後來測算，這裡的地層每平方公尺能夠承受四十五噸至六十六噸的壓力，而趙州橋對地面的壓力為每平方公尺五十噸至六十噸，能夠滿足大橋的要求。李春選定橋址後，便在上面開始建造地基和橋台。

趙州橋美景圖

橋台是整座大橋的基礎，必須能承受大橋主拱圈軸而向力分解而成的巨大水平推力和垂直壓力。

李春在建造大橋時，採取了低拱腳，拱腳在河床下僅半公尺左右。還採用了淺橋基，橋基底面在拱腳下一點七公尺左右。還建造了短橋台，由上至下，用逐漸略有加厚的石條砌成五公尺長，六點七公尺寬，九點六公尺高的橋台。

這是一個既經濟又簡單實用的橋台。為了保障橋台的可靠性，李春採取了許多相應的固基措施。

為了減少橋台的垂直位移，就是由大橋主體的垂直壓力造成的下沉，他採取了在橋台邊打入許多木樁的措施，以此來加強橋台的基礎。這種方法在後來的廠房、橋梁的建造上還經常採用。

為了減少橋台的水平移動，就是由大橋主體的水平推力造成的橋台後移，李春採用了延伸橋台後座的辦法，以抵消水平推力的作用。

為了保護橋台和橋基，李春還在沿河一側設置了一道金剛牆，一方面可以防止水流的沖蝕作用；另一方面金剛牆和橋基、橋台連成一體，增加了橋台的穩定性。

金剛牆是指券腳下的垂直承重牆，又稱「平水牆」，它是一種加固性質的牆。古建築對凡是看不見的加固牆都稱為金剛牆。此外，梢孔內側以內的金剛牆一般做成分水尖形，故稱為「分水金剛牆」，梢孔外側的叫「兩邊金剛牆」。

這些措施保證了大橋具有堅固的橋台，提高了大橋的堅實程度。

李春及其他工匠在設計和施工的過程中，提出了許多技術上的創新方案，他和工匠們一起創造性地採用了圓弧拱形式，使石拱高度大大降低了。

圓弧拱是取某圓周的一部分構成巷道拱部的形狀。其拱形圓滑一致，並且在巷道周圍壓力作用下不易產生應力集中，支護結構受力狀態好。此斷面利用率較高，可減少開挖工程量，施工技術亦較簡單，是採用較多的一種斷面形式。

李春採用圓弧拱形式，改變了中國大石橋多為半圓形拱的傳統。

具有「神橋」之稱的趙州橋

趙州橋的橋面

一般石橋的券，大都是半圓形。但在洨河上建橋跨度很大，從這一頭至那一頭有三十七點零四公尺。如果把券修成半圓形，那橋洞就要高十八點五二公尺。這樣車馬行人過橋，就好比越過一座小山，非常費勁。

還有就是施工不利，半圓形拱石砌石用的腳手架就會很高，增加施工的危險性。

李春設計大橋的券是小於半圓的一段弧，這既減低了橋的高度，減少了修橋的石料與人工，又使橋體非常美觀，很像天上的長虹。

李春把橋的主孔設計成淨跨度為三十七點零二公尺，而拱高只有七點二五公尺，拱高和跨度之比為一比五左右。這樣就實現了低橋面和大跨度的雙重目的，橋面過渡非常的平穩，車輛行人也非常方便，而且還具有用料省、施工方便等優點。當然，圓弧形拱對兩端橋基的推力相應增大，需要對橋基的施工提出更高的要求。

李春還採用了敞肩的方式進行設計，這是李春對拱肩進行的重大改進。他把以往橋梁建築中採用的實肩拱改為敞肩拱，即在大拱兩端各設兩個小拱，靠近大拱腳的小拱淨跨為三點八公尺，另一拱的淨跨為二點八公尺。

李春所設計的這種大拱加小拱的敞肩拱具有優異的技術性能。首先可以增加洩洪能力，減輕洪水季節由於水量增加而產生的洪水對橋的衝擊力。古代河流往往每逢汛期，水勢較大，對橋的洩洪能力就是個考驗。

李春設計四個小拱就可以分擔部分洪流，後來根據計算四個小拱可增加過水面積百分之十六左右，大大降低了洪水對大橋的影響，提高了大橋的安全性。

其次，李春採取敞肩拱，比實肩拱可節省大量土石材料，能夠減輕橋身的自重。後來根據計算，四個小拱可以節省石料二十六立方公尺，並能減輕自身重量七百噸，從而減少橋身對橋台和橋基的垂直壓力和水平推力，增加橋梁的穩固。

趙州橋全景

第三是增加了造型的優美。四個小拱均衡對稱，大拱與小拱構成了一幅完整的圖畫，顯得更加輕巧秀麗，體現了建築和藝術的完整統一。

趙州橋護欄石刻

第四是符合結構力學理論，敞肩拱式結構在承載時使橋梁處於有利的狀況，可減少主拱圈的變形，從而提高了橋梁的承載力和穩定性。

在中國古代，傳統建築方法是，一般比較長的橋梁往往採用多孔形式，這樣每孔的跨度小、坡度平緩，便於修建。但是多孔橋也有缺點，如橋墩多，既不利於舟船航行，也妨礙洪水宣洩；橋墩長期受水流沖擊、侵蝕，天長日久容易塌毀。

橋墩是在兩孔和兩孔以上的橋梁中，除兩端與路堤銜接的橋台外其餘的中間支撐結構，也即是多跨橋的中間支承結構部分。橋墩分為實體墩、和排架墩等。按平面形狀可分為矩形墩、尖端形墩、圓形墩等。建築橋墩的材料可用木料、石料等。

但是，李春在設計大橋的時候，採取了單孔長跨的形式，河心不立橋墩，使石拱跨徑長達三十七公尺之多，這可是中國橋梁史上的空前創舉。

為了加強各道拱券間的橫向聯繫，使二十八道拱組成一個有機整體，連接緊密牢固，李春採取了一系列技術措施。他採用了每一拱券下寬上窄、略有「收分」的方法，使每個拱券向裡傾斜，相互擠靠，增強其橫向聯繫，以防止拱石向外傾倒。

獨具特色的趙州橋

在橋的寬度上，他採用了少量「收分」的辦法，就是從橋的兩端到橋頂逐漸收縮寬度，從最寬九點六公尺收縮至九公尺，以加強大橋的穩定性。

李春還在主券上均勻沿橋寬方向設置了五個鐵拉桿，穿過二十八道拱券，每個拉桿的兩端有半圓形桿頭露在石外，以夾住二十八道拱券，增強其橫向聯繫，並在四個小拱上也各有一根鐵拉桿起同樣作用。

趙州橋近景

李春在靠外側的幾道拱石上和兩端小拱上蓋上護拱石一層，以保護拱石。在護拱石的兩側設計有勾石六塊，勾住主拱石使其連接牢固。

為了使相鄰拱石貼合在一起，在兩側外券相鄰拱石之間都穿有起連接作用的「腰鐵」，各道券之間的相鄰石塊也都在拱背穿有「腰鐵」，把拱石連起來。

而且每塊拱石的側面都鑿有細密斜紋，以增大摩擦力，加強各券橫向聯繫。這些措施的採取，使整個大橋連成一個緊密整體，增強了整個大橋的穩定性和可靠性。

冬季的趙州橋

趙州橋

趙州的洨河上修建起了一座石橋，於是當地的老百姓就叫它「大石橋」。石橋位於趙縣的城南，飛跨在皎河之上，因趙縣古稱「趙州」，所以人們又叫它「趙州橋」。有史記載：

趙郡皎河石橋，匠李春工跡也，製造奇特，人不知其所以為。

意思是趙州橋製造奇特，人們都不知道它是怎樣建成的！隋末越王楊侗在皇泰初年，就是公元六一八年，他總結趙州橋的營造經驗時，他稱讚李春為「聖人」。

【閱讀連結】

在很久以前，很多到趙州柏林禪寺參訪的人，都要從趙州橋經過。相傳當時有個人想以貶低趙州橋來譏諷趙州的禪法，他說道：「久仰趙州大石橋，怎麼我只看到一座小小的獨木橋？」

趙州和尚問：「你只見獨木橋，未見到大石橋？」

這人說：「是啊，大石橋是什麼樣的？」

趙州和尚答：「渡驢渡馬。」

是這樣的，趙州橋默默無語地為南來北往的行人和車馬服務，以佛心方便行人，承受驢馬踐踏；以佛心普度眾生，無論高貴低下。趙州橋渡過了多少生靈？古橋不語，流水無言！

雕塑藝術與歷次修繕

趙州橋不僅是一座實用性的交通大橋，而且還是中國古代傳統文化的一大載體，又是一件不可多得古代雕塑藝術的瑰寶。

趙州橋

趙州橋建築結構獨特，唐代中書令張嘉貞稱其為「奇巧固護，甲於天下」，它被譽為「天下第一橋」，在建築史上占有十分重要的地位，對後代的橋梁建築有著十分深遠的影響。

趙州橋石欄板

趙州橋的玉石欄杆分列兩側，每側各設了二十一塊欄板和二十二根望柱。布局是中間每側設蛟龍欄板五塊，蟠龍竹節望柱六根，兩側為斗子禾葉欄板和寶珠竹節望柱。

趙州橋的雕飾主要集中在中間部分的欄板和望柱上，龍雕是其精華。

大橋中部每側有五塊蛟龍欄板，六根蟠龍竹節望柱，內外均是龍的形象，每側有二十八條龍，兩側共計五十六條龍。如果再加上主拱券頂部兩側的各一個蚣蝮，總計五十八條龍，從而形成了一個氣勢恢宏的群龍陣圖。

大橋上面的蛟龍奇獸或盤或踞，或飛或騰，跌宕多姿，引人入勝。

在藝術表現手法上既有粗獷豪放的寫意，又有精緻細密的工筆。布局詳略得當，既有局部的變化又有整體的統一，形成蒼勁古樸、渾厚豪放的藝術風格。

趙州橋除了具有傳說的仙跡以外，還有玉石欄板和大石橋銘，人們稱之為「三稀」，十分有名。

趙州石橋上的欄版大都仿照隋代以前的欄板而建築，欄板上的龍圖案是仿照隋朝圖案而雕刻的，隋代的龍身上無鱗，尾巴細長，四爪和身體短健有力。

大橋上所雕的群龍之中，最引人注目的就是位於橋巔的饕餮。傳說中饕餮是龍的第五子，是一種想像中的神祕怪獸。牠是羊身，眼睛在腋下，虎齒人爪，有一個大頭和一張大嘴。牠十分貪吃，見到什麼就吃什麼，由於吃得太多，最後被撐死了。

趙州橋上的饕餮占據了大橋頂部最中間位置的整塊欄板，毛髮分披，兩耳堅起，兩隻大眼凶光畢露，欻欻開合，怒視前方。

此惡獸形象與兩旁飄逸的蛟龍形成了巨大的反差和鮮明的對比，使人望之生畏，不敢久留，這樣就不會因橋上滯留多人而發生事故，從而達到通濟利涉的目的。此乃以惡獸示警，實現勸善目的。

趙州橋護板

公元一〇八六年至一〇九六年，哲宗皇帝趙煦在北巡途中，深為趙州橋的雄奇壯麗所動，於是賜趙州橋正名為安濟橋，是取「利貫金石，強濟天下，通濟利涉，安全渡過，萬民以福」之意。

趙州橋龍紋石刻

趙州橋南橋頭下還有一塊漢白玉的標誌牌，牌上刻著「安濟橋」三個大字，這就是趙州橋的正名，也是官名。這正是北宋時哲宗皇帝趙煦所賜，所以趙州橋的正名叫「安濟橋」。

在公元一五六三年，因為賣柴者在趙州大石橋下烤火，火勢延燒，致使橋石出現小的縫隙，但因為有腰鐵鎖著的緣故，橋上照樣有重物通過。看見這種情況，當地有居敬兄弟出面向知縣李方至請求修繕石橋。

居敬兄弟也就是張居敬、張居仁，他們倆是明代舉人張時泰之子，兄弟兩人也是為官的，他們各捐資數十金，並倡導大家捐資，還從趙州境內募緣數千緡，把趙州橋修葺如故，頗得知州、知縣和遠近百姓稱頌。

公元一八二一年，知州李景梅讓癢生王元治負責修繕趙州橋。李景梅率先捐資數十緡，在他的帶動下，趙州境內眾百姓紛紛出資，籌資很快完成。

趙州橋輔橋

修繕工程竣工後，知州賜予「急公好義」的匾額以表彰王元治的事蹟。

趙州橋建成後差不多有一千四百年，它經歷了十次水災、八次戰亂和多次地震，但絲毫都沒有遭到破壞。

趙州橋的地理位置，在古代有「吞齊跨趙」的說法，地處兵家必爭的咽喉要道，交通十分繁忙。大橋自建成後，就一直作為實用性交通大橋而使用，車馬行人摩肩擊軲，日夜不息。

趙州橋在漫長的歷史長河中，歷經車馬重軋，戰亂之禍，地震水患，風雨侵蝕，卻一直安然雄居於洨河之上，在橋梁建築史上堪稱為一大奇蹟。

【閱讀連結】

由趙州橋貫穿的歷史古道，過去老百姓一直把它叫做「皇道」。在隋代時經由趙州橋的這條南北大通道，向南可直達東都洛陽，向北則貫穿涿郡，直通北京城。

當年乾隆皇帝下江南時，三次所走的陸路，都是從趙州橋上經過而南下的。乾隆帝第一次是奉皇太后巡幸中州河洛之地，是為君臨嵩岳之行；後兩次則是著名的「南巡」之舉。乾隆三過趙州，並在柏林禪寺為這塊土地留下了可觀的詩作和筆墨。

蘇州第一橋寶帶橋

寶帶橋始建於公元八一六年至八一九年之間，它是由刺史王仲舒主持建造的，已經有一千多年的歷史了。

寶帶橋位於江蘇省蘇州京杭大運河邊，跨澹台湖口玳玳河，為歷代纖道所經。寶帶橋用堅硬素樸的金山石築成，橋長三百一十六點八公尺，寬四公尺，橋孔五十三孔。

寶帶橋是中國最長的一座古代多孔聯拱石橋，其中的三孔聯拱特別高，用來通大船，兩旁各拱路面逐漸下降，形成弓形弧線。

寶帶橋構造複雜而又結構輕盈，風格壯麗，奇巧多姿，成為了江南名勝。

仙女玉帶化作寶帶橋

相傳在很早的時候，天廷裡面住著一位仙女，她看似每天過著無憂無慮的生活，但有時感到十分寂寞。

每當她感到百無聊賴的時候，就會去找其他仙女聊天，聊著聊著就聽說人間有一個地方叫姑蘇，那裡山青水秀，土地肥沃，物產豐富，人們安居樂業，過著天堂般的生活。

太湖公園

有一天，仙女終於動了凡心，她便悄悄地離開了天廷，駕著祥雲來到了姑蘇太湖的上空。此時兩百五十平方公里的太湖，風平浪靜，七十二個島像散落的珍珠一樣鑲嵌在湖面。這時天色已接近黃昏，湖面上白帆點點，正是漁民滿載魚蝦歸航的時候。

蘇州寶帶橋

仙女就向東飛過天平、靈岩兩山，來到了姑蘇城上空。仙女放眼望去，只見湖的兩岸，聚集著南來北往的過客，行人車馬熙攘，絲竹管樂隱約可見。

當地的人們，因為蘇州太湖的湖水澹澹，因此又稱它為「澹澹湖」。仙女回頭看了一眼身後的澹澹湖，然後撥轉雲頭，不一會兒就來到澹澹湖上。

澹澹湖雖小，湖面上卻是白浪滾滾，讓人覺得十分險惡。仙女忽然看見一艘小渡船，在巨浪中艱難地搏擊著行進。

仙女看著船伕焦急的神情，便動了慈悲惻隱之心，於是她解下腰間的玉帶，隨手拋向了湖面。玉帶在風中飄飄蕩蕩，落到了湖上，瞬間便幻化成為了一座五十三孔的石橋。

湖水頃刻變得風平浪靜了，原來是玉帶化作的橋梁鎮住了湖中興風作浪的湖怪。兩岸的人們歡呼雀躍，他們第一次步行走過了澹澹湖。

橫臥於澹澹湖的寶帶橋

從此以後，村民的生活就恢復了往日的平靜。可是由寶帶變化而成的大橋，它的橋孔經常變化無常，讓人們都感到十分驚恐。當地的一個漁民為了防止發生不測，他便想了個辦法，他帶上一百根竹籤，依次在每個橋孔下放上一根，最後剩下四十六根。

從東望去，仙女拋下玉帶化成的石橋，背襯青山，下托綠水，恰似一條寶帶飄臥在澹澹湖口，寶帶橋的美名便由此而生了。

尤其到了中秋之夜，澹澹湖面，寶帶橋旁，當皓月高掛夜空，人們就會看到橋孔倒映，恰似圓月，就會忘了自己是在人間，還是彷彿進入了仙境。寶帶橋猶如「長虹臥波」橫臥在大運河和澹台湖之間。

【閱讀連結】

傳說那隻被仙女玉帶鎮住的湖怪不服輸，就附在橋頭的石獅上，每當夜深人靜的時候，牠便時常變成女兒身，到周圍的村莊作孽，迷惑那些輕浮的青壯年。

但是，有一位不被女妖美色所迷惑的美少年，他非常勇敢，他在趁女妖吐舌害人的時候，揮劍將女妖的舌頭斬下來了。女妖從此不敢出來害人了。

王仲舒修建寶帶橋

仙女拋玉帶化作寶帶橋，以及其他美麗傳說，都說明了人們對寶帶橋在人們生活中的重要性，因此賦予了它種種傳奇的色彩。

蘇州城的太湖上原來的確沒有橋，寶帶橋始建於唐代。那時在江、浙一帶，水網密布，到處都是漁民，這裡自古被稱作「魚米之鄉」。所以，歷代帝王都把這裡作為徵斂財賦的重地。

蘇州寶帶橋

在公元六一〇年開鑿了京杭大運河，將江浙地區的糧食和珍寶大量運往北方的京都。

至唐代，漕運就已經空前繁忙了。

漕運是中國歷代王朝將征置田賦的部分糧食經水路，送往京師或其他指定地點的運輸方式。水路不通處輔以陸運，多用車載，故又合稱「轉漕」或「漕輦」。運送糧食的目的是供宮廷消費、百官俸祿、軍餉支付和民食調劑。這種糧食稱「漕糧」，漕糧的運輸稱「漕運」，方式有河運、水陸遞運和海運三種。

從蘇州至嘉興的一段運河為南北方向，秋冬季節貨船要頂著西北風前進，很難行進。

而且牽道在澹台湖與運河交接處，有著一個寬約三四百公尺的缺口。如果填土做堤連接牽道，會切斷蘇州各湖經吳淞江入海的通路，而且路堤容易被湍急的湖水沖決。因此，在這裡修建一座大橋是最好的選擇。

當時在任的蘇州刺史王仲舒，為了保證漕運的順利暢通，他下定決心在此建造一座橋梁。

公元八一六年，王仲舒帶領許多能工巧匠開始動工，歷時四年時間終於將大橋建成。從此以後，船工縴夫和過往的人們都得到了極大的便利。

太湖風光

在修建大橋的開始階段，由於當時的官府財政十分緊張，王仲舒就慷慨捐出自己的玉質腰帶，用來充資建橋，寶帶橋也由因此得名了。

蘇州盤門橋

大橋建成後，有人說大橋好像一條懸浮在水上的寶帶，真是恰如其實的美妙。從遠處看去，寶帶橋真像是一條飄動在綠色原野上的玉帶，這樣的命名顯然可能是從它的觀感角度出發的。

寶帶橋用堅硬素樸的金山石築成，橋長三百一十六點八公尺，橋孔五十三孔，是中國古代橋梁中最長的一座多孔石橋。其中三孔聯拱特別高，以通大船，兩旁各拱路面逐漸下降，形成弓形弧線。

寶帶橋上的石塔高四公尺，它是以整塊青石雕琢而成，底座正方形刻有海浪雲龍紋，每級八面，各自都設有佛龕，龕內鐫有佛像。而且在寶帶橋的二十六孔與二十七孔間的水磐石上，也有同樣的石塔一座。

雲龍紋是龍紋的一種，因其構圖上以龍和雲組成紋飾，故名。龍為主紋，雲為輔紋，龍或做駕雲疾馳狀，或在雲間舞動。始見於唐宋瓷器上，如晚唐五代越窯各色瓷瓶上的雲龍紋、宋定窯印花盤上在祥雲間盤曲舞動的龍紋等。元、明、清時期瓷器上雲龍紋更為多見。

寶帶橋的兩端各有一對威武的青石獅，北端還有四座碑亭和五級八面石塔各一座。北端的一對石獅一直蹲著迎接來往的客人，南端的一對早已經沉入深不見底的河床了。

寶帶橋北端的石塔坐落在離橋約兩公尺處，高三公尺。在寶帶橋的二十七孔和二十八孔之間也有同樣的石塔一座。正是這樣的一些附屬物，為寶帶橋的風光增添了姿色。

王仲舒同工匠們一起施工設計規劃並構築長橋，他們打破江南建橋的常規，不採用「垂虹架空」的石拱形建橋方式，而是將大橋設計成為「寶帶臥波」式的長堤型。

王仲舒和工匠們採用了多孔、狹墩以及「挽道」的結構，使湖水大大通暢了，提高了洩洪的能力。這也是寶帶橋能夠保留下來的一個關鍵創舉。

在寶帶橋的建造工程技術上，他們採用的是多孔薄墩聯拱石橋，使用的材料是柔性墩。這樣的建造方式和材料的考慮可以防止多橋孔連鎖倒塌。

柔性墩指的是墩身較細長，墩頂可隨著上部結構順橋向方位移動而相應變位的橋墩，是一種縱向剛度很小的橋墩。這種橋墩不能單獨使用，必須透過橋跨與縱向剛度很大的剛性橋墩串聯，形成共同承受縱向水平力的結構。

寶帶橋的砌拱法，既不同於趙州橋的單拱併合，也不同於盧溝橋的條石弧砌，而是採用了結合兩者優勢的多絞拱。這樣的多絞拱在古代也是極為罕見的。

太湖上的橋

寶帶橋後來經過了歷代的多次重修，大橋建成以後，屢受創傷，也歷經了多次的興廢。唐、宋、元、明、清五代曾六次重建重修，後來清代湖廣總督林則徐也主持維修過一次。

太湖上的橋

公元一四三六年至一四四六年期間，廬陵周恂如以工部右侍郎身分巡撫此地，與蘇州知府及吳縣、長洲知縣共同商議重建寶帶橋，此時才建成了保存至後來的五十三孔石拱橋。

寶帶橋不僅改善了大運河和澹台湖之間的交通條件，而且因其製造精巧，景色綺麗，又是處在蘇州古城，橫臥在大運河和澹台湖之間的玳玳河上，故有蘇州第一橋之美稱。

【閱讀連結】

在寶帶橋何時能看到「串月」呢？據說一般在農曆八月十八晚上能看到串月，但也有人說在八月十六或十九的前後各一天晚上也能見到串月。

而當地的人們說，在二月十八晚上也可見到串月。賞串月的具體時間，亦有黃昏、月光初起和半夜等幾種說法。

有誰見到「串月」呢？據說僅有明末清初的著名詩人錢牧齋和徐元嘆見到，就別無他人了，其餘人只是對串月奇觀的描述。

寶帶橋的千古美名

蘇州越城橋

寶帶橋已經有上千年的歷史，橋面平坦，下由五十三孔連綴，整座橋狹長如帶。全橋構造複雜而又結構輕盈，風格壯麗，奇巧多姿，成為了中國江南負有盛名的一座文明古石橋。

從遠處望去，整座寶帶橋狹長如帶，多孔聯翩，倒映水中，虛實交映，猶如蒼龍浮水，又似鰲背連雲，不僅為行人縴夫提供了方便，還為江南水鄉增添了旖旎景色。

太湖雪景

元代高僧善住曾有一首描繪寶帶橋的詩：

借得它山石，還擗石作梁。

直從堤上去，橫跨水中央。

白鷺下秋色，蒼龍浮夕陽。

濤聲當夜起，併入榜歌長。

從詩中不難看出，遠在元代，寶帶橋不僅是一座頗具規模的石拱橋，而且肩負著繁忙的運輸任務了。

英國傑出外交家馬加爾尼在十八世紀末期，千里迢迢來到中國，他見到了乾隆皇帝，卻為下跪的問題鬧得很不愉快。隨後有一個法國學者，專門寫過一本書，討論這件事情。

法國學者形容馬加爾尼和乾隆的相見，一個代表著世界上最強大的帝國，一個代表著世界上最古老的帝國，都很有傲慢的資格，再加上文化的巨大差異，產生矛盾與衝突是必然的。

不過，除了不愉快，一路上中國這個東方古國的自然風光和人文景觀，還是讓馬加爾尼時時有驚喜。

太湖風光

馬加爾尼的一位同伴還稱這座橋是不可思議的建築物。這座橋就是蘇州附近運河上寶帶橋。在以河運為主的時代，寶帶橋見證了無數南來北往的船影，那些船影裡面有著隱藏的歷史風雲。

春去秋來，年復一年，寶帶橋一直靜臥在湖口，注視著世間萬物的更新變換，默默地為南來北往的旅客提供著方便，與聞名於世的京杭大運河一起，為蘇州的繁榮作出了貢獻。蘇州寶帶橋，在古石橋的歷史長河中，源遠流長！

【閱讀連結】

清代晚期詩人徐崧曾目睹了寶帶橋的重修，他並題詩一首叫《見寶帶橋重修有作》：

澹台湖在具區東，利涉全資寶帶功。

山對楞伽邀串月，塘連葑水捍衝風。

石獅對坐行人過，水鳥群飛釣艇通，

亂石圯崩誰再建，捐資直欲媲王公。

由此可見，澹台湖與寶帶橋自古橋建成之日起，就是一體的，簡直密不可分。

魚沼飛梁最古立交橋

魚沼飛梁修建於公元三八四年至五三四年之間，起始是為周武王之子、晉國始祖叔虞而建的，後來在公元一〇二三年重建。我們常說的魚沼飛梁為北宋遺物。

魚沼飛梁東西橋面長十五點五公尺，寬五公尺，高出地面一點三公尺，東西向連接聖母殿與獻殿；東北橋面長十八點八公尺，寬三點三公尺，兩端下斜至岸邊，與地面平行。

魚沼飛梁是一座十字形的橋梁，也被稱作「十字橋」。這種十字形橋為世界獨有的一例。在後來，魚沼飛梁被譽為是「世界上最古老的立交橋」。

匯聚著名泉潭池的晉祠

唐叔虞塑像

相傳那是在西周時期，周武王姬發之妃邑姜懷孕的時候，夢見天帝說：「我給你的兒子起名為虞，將來在唐地興國立業，那裡是參宿的分野，叫他在那裡養育自己的子孫。」

說來也巧，在當時山西南部的翼城、曲沃和絳縣之間，確實有一個殷商時期分封的諸侯小國叫「唐」，依山枕水，美麗富饒。

胎兒出生後，手上果然有個「虞」字，於是，邑姜就給他起名「虞」，他就是周朝晉國的始祖唐叔虞，邑姜因此被後世尊為「天聖」。

唐叔虞，姓姬，名虞，是周武王幼子，周成王姬誦的同母弟弟。周武王死後，周成王姬誦年幼，便由周武王的弟弟周公攝政。周公滅掉殷商封國唐後，就遵照邑姜的意願把唐封給了叔虞。

魚沼飛梁

公元前一〇五四年，周都鎬京舉行了盛大冊封儀式。在典禮上，周成王把唐地分封給了叔虞，並准許叔虞因地制宜，從唐國實際情況出發治理當地。叔虞在唐時，勵精圖治，鼓勵民眾發展農牧生產，興修水利，使民眾逐步過上了安定、富足的生活。附近的許多部落先後歸附於他，使唐國疆土日漸擴大了。

叔虞之子燮父繼位後，遷都於晉水之旁，因境內有條晉水河，便改國號為晉，這就是晉國歷史的開始，也是後來山西簡稱「晉」的由來。作為晉國立國創業的始祖，叔虞的歷史功績不可磨滅，因此他得到了後人稱頌。人們為了祭祀他，就在叔虞曾經的封地上建了一座「唐叔虞祠」，也就是後來的「晉祠」。

晉祠所處懸甕山麓，背負懸山，面臨汾水，依山就勢，利用山坡之高下，分層設置，在山間高地上充分地向外借景，依地勢的顯露，山勢的起伏，構成了晉祠周圍壯麗巍峨的景觀。

魚沼飛梁十字橋

據有關記載，北魏時期晉祠裡面的主要建築祠、堂、飛梁都已具備了，也就是說早在一千五百年前，晉祠在晉陽就已經具有相當大的規模了。在漫長的歲月中，晉祠曾經過多次修建和擴建，面貌不斷改觀。

北齊天保年間，文宣皇帝高洋將晉陽定為陪都，又在晉祠「大起樓觀，穿築池塘」，進行了一次大擴建。晉祠的難老泉亭、善利泉亭、八角蓮池、雨花寺、上生寺等，都是這個時期的建築。

晉祠坐北朝南，山門三楹，門外台階高聳。院中設享堂，將祠宇隔為前後兩進。叔虞像端坐大殿神龕正中，身穿蟒袍，手執玉圭，神采奕奕。神龕內左右各有一侍童待召，神台下文臣武將對峙而立。

難老泉俗稱南海眼，位居水母樓前，是晉水的主要源頭，因其水溫恆定而清澈如碧玉，常年不息，所以有人便摘取中國最早詩歌總集《詩經·魯頌》中「永錫難老」的錦句命名其為「難老泉」。難老泉有「晉陽第一泉」之稱，泉水自懸甕山底岩層湧出，潛流十多公尺，從水塘西岸半壁的石雕龍口注入溏中，看似白練飛舞，聽如鳴琴合奏，構成了晉祠八景之一的「難老泉聲」，此景為晉祠勝景的精華所在，也是「晉祠八景」之最。

難老泉上建有「難老亭」，泉亭下端的清潭西壁半腰間，有漢白玉雕成的龍頭，泉水由此向東噴水，瀉入下方清潭。

清潭又名金沙灘，也叫「石塘」，在晉祠中的聖母殿南面，潭水清澈見底，游魚歷歷可數，水中草藻，四季常青。

聖母殿是晉祠內主要建築，坐西向東，位於中軸線終端。是為奉祀姜子牙的女兒，周武王的妻子，周成王的母親邑姜所建。創建於北宋天聖年間，是中國宋代建築的代表作。聖母殿殿面寬七間，進深六間，重檐歇山頂，黃綠色琉璃瓦剪邊，殿高十九公尺。

善利泉又名北海眼，一年四季，水溫如常，泉流如玉，晶瑩剔透，游魚細石，清洌可視。

八角蓮池又名放生池，形八角，周圍有矮磚的護欄。善利泉水自西北入，魚沼水自西南入，東有淺水口通北河。八角池中植蓮，一向被人們所讚賞，有「蓮池映月」之稱，為晉祠內八景之一。

總之，晉祠經過北齊擴建後，其規模更勝於北魏。當時，著名文人祖鴻勛曾寫了篇《晉祠記》，盛讚晉祠的山光水色和亭台樓閣。可見，晉祠裡面的泉、潭、池非常有名，可以說這裡是一塊風水寶地。

【閱讀連結】

有一年夏天天氣特別炎熱，身披鐵甲的魚沼飛梁橋邊附近金人台上的晉祠鐵人忍受不了這難熬的痛苦。獨自走到汾河邊，見一船家，便要求船家把他渡到對岸。

船家說：「渡你一人，人太少，再等有無旁人。」

晉祠鐵人說道：「你能渡我一個，就算你有能耐啦！」

船家看了看鐵人說：「你能有多重，一艘船不止裝一人，除非你是鐵鑄的。」話一落音，一語道破了鐵人的本相。瞬間，鐵人立在汾河邊，紋絲不動了。

船家抬眼一看，面前立著一位鐵人，這不是晉祠的鐵人嗎？趕忙找了一些鄉親，把鐵人抬回金人台。

聖母勒令手下將領，把鐵人的腳趾上連砍三刀，表示對鐵人不服從戒律的懲罰。鐵人的腳上從此留下了三道刀的印痕。

魚沼飛梁的建構與美譽

晉祠裡面既然匯聚了有名的泉、潭、池，可謂是福水長流。有水便有橋，晉祠的修建者也把裡面的橋修建得巧奪天工一般，真是名水配名橋。

山西晉祠魚沼飛梁

晉祠聖母殿

晉祠裡的橋被稱為魚沼飛梁。北魏文學家酈道元的《水經注》中記載：

枕山際水，有唐叔虞祠，水側有涼堂，結飛梁於水上山海經曰：「懸甕之山，晉水出焉」……後人……蓄以為沼……結飛梁於上。

這段描述說明了魚沼飛梁是建造於北魏之前的，可能是後來經歷了經過毀壞與重修才又完整地保留了下來。其中北宋年間就有一次重建的記錄。

在公元一〇二三年至一〇三二年，宋徽宗為追封唐叔虞為汾東王，並為他的母親，建造了宏偉的聖母殿，同時利用殿前的泉水築了砌石泉池，並在上面修建了一座十字形橋梁，據推測應該是在原來的基礎上重修的。

因為古時候人們以圓形為池，方形為沼，因方形的沼池原為晉水第二大源頭，流量甚或大，游魚非常的多，所以取名「魚沼」。

魚沼飛梁的斗栱

人們又本著「架橋為座，若飛也」，以及「飛梁石磴，陵跨水道」說法，而且沼上架十字形板，橋沼內立三十四根約三十公分的小八角形石柱，柱頭使用了明顯卷殺手段，使柱頭呈弧形，形成柔美而有彈性外觀。

石柱的頂架斗栱與橫梁，承托著上面的十字形橋面，整個造型猶如展翅欲飛的大鳥，所以就叫做「飛梁」。也就是說此橋是建造在魚沼上的飛梁，所以這座橋的建造者後來就稱它為「魚沼飛梁」。

魚沼飛梁是一座精緻古橋建築。北宋時期與聖母殿幾乎同時建築，它很大一部分是北宋時期間保留下來遺物。橋面呈十字形形狀，東西長十九點六公尺，寬五公尺，高出地面一點三公尺，前後與獻殿和聖母殿相接，南北橋面長十九點五公尺，寬三點八公尺，左右下斜連到魚沼岸邊。

獻殿位於魚沼飛梁的前面。這座大殿原來是祭祀聖母、貢獻禮品的場所。公元一一六八年創建，公元一五九四年修葺。面寬三間，進深兩間，斗栱簡潔，出檐深遠，外觀酷似涼亭，但整體結構輕巧穩固。

魚沼飛梁的橋梁的周圍插著一排大小一致的勾欄，這些勾欄可以用來圍護沼池，又能用來供行人扶靠，保證行人的安全。

魚沼飛梁的南北橋面的兩側，原來各有石質臥獅一對，後來只留下東北和東南端的兩個。這兩對臥獅造型生動，都在和身邊自己的幼獅嬉戲打鬧，西側的這兩對石獅應該是與魚沼悄梁是同時的產物。

魚沼飛梁東側的這對鐵獅原本是宋代作品，鑄於公元一一一八年，一雄一雌，骨骼強健，造型生動，毛髮拉直，威武而獨特，也是古代的鑄品佳作。

古代的橋梁大多數是一字形，只有魚沼飛梁連通了沼池的兩岸及四方結合成為十字形，所以在此舉上可謂匠心獨具。

魚沼飛梁勾欄

魚沼飛梁是中國少有的一種十字橋梁形式，在方形沼內，柱頭置木斗栱與梁枋，承石頭橋板與石欄杆，石橋面中高兩側面低，木斗栱與梁枋改變了石橋面的推力傳遞方向，使重量垂直傳到橋柱上，橋柱從梁枋荷載角度分布間距寬窄不等。

魚沼飛梁及聖母殿

魚沼飛梁橋梁充分利用材質在三種環境中的特長，石柱水中耐腐，木材韌性與塑性，石橋板耐磨、防火，達到了橋梁堅固、美觀、耐久效果。魚沼飛梁凝集了古代勞動人民的辛勞與血汗，更是智慧結晶，由於年代久遠，被稱為中國古代最早的十字橋。

十字飛梁的形制構造是中國保存下來的古橋中僅有的一例，因而其價值極為珍貴。

【閱讀連結】

魚沼飛梁所在的太原晉祠中，有周代種植的柏樹、隋代種植的槐樹、唐代刻立的石碑、宋代建造的殿堂和塑造的彩色泥塑像、明清時期的建築，加上這千古聞名的魚沼飛梁，晉祠成為人們創造的最值得自豪的文明成果之一。

聖母殿、魚沼飛梁和獻殿被稱為三大國寶級建築物。

海內第一橋洛陽橋

洛陽橋是名聞海內外的中國四大古橋之一，建於公元一〇五三年，一〇五九年建成。

洛陽橋由當時郡守蔡襄主持興建，工程十分艱難，歷時近七年。橋原長約一點二公里，寬約五公尺，有四十六座橋墩，五百個扶欄，二十八隻石獅，七座石亭，九座石塔，規模宏大。

洛陽橋是中國古代著名的梁式石橋，坐落於福建省泉州市東約十公里、與惠安縣分界的洛陽江上。洛陽橋是世界建橋史上一座重要的里程碑，被譽為「天下奇」，橋頭有一塊匾額，上面寫著「海內第一橋」。

呂洞賓助蔡襄造橋

宋代以前，在福建泉州東郊的洛陽江上沒有橋，只有一個渡口，叫「萬安渡」，是南來北往的交通要衝，過江只有靠船，十分不便。因為這裡靠近入海口，江面開闊，風大浪大，十分危險。

洛陽橋的橋面及欄杆

福建泉州洛陽橋

傳說當年真武大帝得道成仙之時，曾將他的腸肚丟進洛陽江裡了，年代一久，真武大帝的腸子就變作了蛇妖，肚子變成了龜精。蛇妖與龜精在洛陽江上興風作浪，渡船常常被風浪打翻，往往乘客船伕通通落水，大多死於非命。

有一年，有位娘家住在惠安的盧氏，她在分娩前從娘家回來，路過萬安古渡。這時天已是傍晚了，最後一趟渡船已經離岸向江心划去了，盧氏急忙大聲招呼船伕。船伕聽到岸上有婦人呼叫，就把船掉頭靠岸，讓婦人上船。

船駛到江心，忽然風緊浪急，渡船在江心顛簸得十分厲害，乘客個個嚇得臉色蒼白。眼看就要翻船了，忽然空中傳來一聲呼喊：「蔡學士在此，水怪不得無禮！」

霎時，江上風平浪靜，渡船順利地向對岸划去了。全船人無不感到慶幸，知道這是托蔡學士的福。

但是，當船主問遍船上所有人時，竟無一人姓蔡的，只有一個懷胎的婦女夫家姓蔡，大家認為這位婦人的腹中之兒，將來也許就是蔡學士。

盧氏笑著許願說：「如果我將來真的生一個男孩，長大後官居學士，一定叫他在這個地方建造一座橋，以保萬代平安。」

盧氏回到楓亭的婆家不久，她果然生下一男孩，並取名蔡襄。

蔡襄自幼聰明伶俐，七八歲就能熟讀《五經》。有一天深夜，蔡襄正在書房讀書，突然天上傳來陣陣雷聲，十分令人恐懼。

蔡襄推開窗戶向外觀看時，只見雲中有一個人身雞頭的巨人，一手握斧頭，一手捏盤子，不時用斧頭敲擊鑿子，發出震雷的聲音。

洛陽江上的洛陽橋

蔡襄正看得入神，忽見一粒米不知從哪裡飛到書桌上，他揀起那粒米，突然那粒米對他講話說：「蔡學士，快救救我！」

蔡襄雕像

原來，那粒米是八仙之一的呂洞賓變的，他因犯了天條，玉皇大帝大怒，便派遣雷公來追打他，因此他只得變成一粒米，逃到蔡襄的書房中來了。

雷公知道蔡襄將來是學士，擔心打了呂洞賓，會傷到蔡襄，掉頭便回天庭覆命去了。

呂洞賓見雷公走了，便現出原形，十分感謝蔡襄的救命之恩，並贈送一副筆墨給蔡襄，叮囑蔡襄如遇困難，可用這副筆墨寫字，自然就會逢凶化吉和得心應手的。

公元一〇三〇年，蔡襄參加開封鄉試獲第一名。公元一〇三一年登進士第十名，第二年授漳州軍事判官，任職四年。公元一〇五四年至一〇六三年，蔡襄兩次在泉州任太守。

蔡襄一到泉州任職，就立即召集屬僚鄉賢商議在洛陽江上建橋的事，他親自到江邊勘察，下令招募造橋工匠，籌集建橋資金。百姓聞訊奔走相告，歡呼雀躍，一時四面八方的工匠紛紛前來參與建橋。

開工那一天，江岸人山人海。可是，由於洛陽江水闊五里、深不可測，一船船石料拋下江中，霎時被洶湧的江濤捲得無影無蹤了。龜精蛇怪拚命地翻江倒海，撞沉了好幾艘木船。

洛陽橋旁的佛像

蔡襄簡直愁眉不展。一天夜裡，仙人呂洞賓託夢對蔡襄說：「此事無需過慮，我給東海龍王寫封信，讓他停潮一天，就可以把橋基砌起來了。」

蔡襄聽後大喜，從夢中醒來，只見桌上果然放著一封信，上書「面呈東海龍王」。於是他在堂上問道：「誰下得海？」

差役夏德海連忙叩見說：「小人便是夏德海，不知大人有何吩咐？」

蔡襄一聽大喜，便說：「你既下得海？那就把這封信面呈東海龍王吧！」

原來這「夏德海」是他的名字，但他並不諳水性，下不了海，但上命難違，只好硬著頭皮去了。

夏德海領命回到家中，把下海投書之事告訴了妻子，其妻不禁失聲痛哭，但也無可奈何，只得給夏德海置酒餞行。

夏德海喝得酩酊大醉，昏昏沉沉來到海邊，癱倒在海灘上，被巡夜的蝦兵蟹將發現了，將其捉入龍宮，把信交給了龍王。

東海龍王與呂洞賓交情非常深，便讓夏德海帶回一信。

黎明時分，夏德海從昏睡中醒來，他看見有一封信，上寫「面呈蔡襄收」，便急忙將信交給蔡襄。

蔡襄將信打開以後，只見信中只有一個「醋」字。他思索了好一會兒才恍然大悟，立刻下令二十一日酉時開始搶修橋基。原來「醋」字可拆為「廿一日」與「酉」。

到了這天，果然海潮退落，水底裸露，橋工們晝夜施工。

洛陽橋旁的建築

蔡襄親自指揮數千工匠拋石奠基、砌築橋墩，洛陽江畔車水馬龍，穿梭不息，很快一座座堅固的橋墩便巍然屹立在江中了。

泉州洛陽橋

可是，到了砌築第四十六座橋墩時，江邊的石頭已經用盡了，如果不能趕在海水退潮三天的期限內把最後一座橋墩造好，一旦海潮呼嘯而來，就會沖毀橋基，前功盡棄！

就在緊急關頭，恰巧呂洞賓駕雲漫遊經過這裡，他深為蔡襄建橋的非凡氣魄所感動，便不慌不忙地飄落萬安山上，輕輕把拂塵一揮，頓時漫山頑石皆點頭了。

呂洞賓又把拂塵一揮，山上所有的岩石躍然而起，他再一揮，一塊塊大石全變成了「豬母」，成群結隊奔下山來，跑到海灘，紛紛跳進建造橋墩的江底。轉眼間，這些「豬母」又都化作大石頭層層堆疊起來了。

有一隻「豬母」不小心跌傷了一條腿，走得很慢，落在了後頭，趕到江邊時，最後一座橋墩已經造好了。牠只好臥在旁邊，成為了一塊軀體肥碩的「豬母石」。

當奔騰的海潮再度席捲而來時，蔡襄已經指揮工匠們奠定了橋基。首戰告捷，群情鼎沸，歡聲雷動，四十六座橋墩猶如中流砥柱威鎮狂瀾，嚇得龜精蛇怪膽顫心驚。

為了鋪築一千兩百公尺長，五十公尺寬的大石橋，急需把數以萬計的巨大石板架在橋墩上。這個時節，偏偏缺乏一大批杉木造船裝運石料，因此施工進展緩慢，蔡襄為此十分著急。

一天深夜，蔡襄思慮著如何解決這個難題呢？想著想著，不覺伏在案上睡著了。夢中忽見呂洞賓，指點他差人到清源山麓請「三人一目仙」幫助。

蔡襄一覺醒來，將信將疑，便傳喚衙吏夏德海速往清源山探尋個究竟。夏德海急忙趕到清源山等候了大半天，也沒碰見什麼「三人一目仙」的影子。

將近黃昏，忽見三個衣衫襤褸的乞丐，以手搭肩魚貫而來。為首一個只睜著一隻眼睛，另一眼瞎；其餘兩個，雙目皆盲。

夏德海不禁又驚又喜，這不就是「三人一目仙」嗎？

泉為洛陽橋

夏德海慌忙拔腿奔了過去，一把攔住，苦苦懇求。那三個乞丐見他十分誠懇真摯，也就應允了。其中一個口中唸唸有詞：「洛陽江頭，古井一口，木可造舟，水可飲酒……」

說罷，三個乞丐忽地全睜開了眼睛，原來竟是呂洞賓、李鐵拐和張果老。三仙哈哈大笑，像一陣風飄然而去。夏德海嚇得目瞪口呆，趕緊回來報報蔡襄。

數日之後，果然在洛陽江畔一口古井中，噴泉似的湧出許多杉木，蔡襄和造橋工匠喜出望外，都拍掌讚嘆不已。建橋民工到井中吸水，一股酒香撲鼻，水喝到肚裡頓覺止飢消渴，大家你一口，我一口喝了個痛快。

蔡襄集中了工匠們的智慧，創造出了「筏形基礎」，讓船尖形的橋墩分開水勢，減少了浪潮的衝擊力。他又利用海水的浮力，發明了「懸機浮運」，借助潮漲船高，把一塊塊重達數千公斤的大石板，輕輕托舉起來鋪在橋墩之間，使大橋漸漸顯出了奇偉的雄姿。

洛陽橋橋墩

泉州洛陽橋

有一天，蔡襄發現洛陽江中每一塊礁石中，都生長著密密麻麻的牡蠣叢，他心想要是能採用「種蠣固基」的方法，使牡蠣繁生把橋基和橋墩石膠合凝結成牢固的整體該有多好啊！

驀然間，江上颳起一陣颶風，刮雨似的把滿江的牡蠣叢全都吹到洛陽橋墩上了，彷彿打上無數的鋼釘，使雄峙江上的石橋更加堅不可摧。

蔡襄驚奇萬分，他抬頭一看，只見南海觀音立在雲端微笑道：「學士苦心精誠可感，方才是我略施小技。」南海觀音接著又說：「建此長橋，已花金錢一千萬兩，財庫業已匱乏，待我幫你籌足資金，爾後再叫八仙助你除妖，永絕後患！」

說罷，南海觀音倏然化作一位絕色美女，泛舟洛陽江邊，聲稱誰若能用金錢投中她，她願嫁與為妻。一時，沿江兩岸人頭攢動。

人們圍觀煙波江上花容月貌的美女，爭相投擲金錢。那些平日貪財如命的富豪子弟，不惜拋擲千金萬銀。金錢雨點般落在小舟上，卻無一人能投中。小舟天天滿載金錢而歸，紈絝子弟則垂頭喪氣敗興而回。

就這樣，蔡襄又籌集了一大筆資金，用於建造長橋兩面三翼的扶欄，以及建造「七座亭，九座塔，石獅二十八。」

眼看大橋即將竣工，潛伏江底的龜精、蛇怪不肯甘休，牠們糾集洛陽江上游的九十九條蛟龍，掀起狂風惡浪，張牙舞爪，直向石橋撲來。

呂洞賓知道後，就讓張果老倒騎著驢子，把作惡多端的龜精踩成了一團爛泥。

鐵拐李打開火葫蘆，葫蘆中立即噴吐出一股濃煙烈火，把那九十九條蛟龍活活燒死了。這時天上出現彩虹，江上波平如鏡，岸上絃歌聲聲。洛陽江兩岸人們喜氣洋洋，敲鑼打鼓，歡呼歷經七年終於建成的跨海長橋。

【閱讀連結】

傳說，在泉州白沙寺的義波和尚，他竭盡心力募集建橋資金，卻受到不少朱門豪富的刻薄嘲笑。但他還是不辭勞苦的把俯首討來的每一個銅錢都用在造橋事業上。

有一回，由於連日風雨，夥房裡的柴草都燒光了。臨時從山上砍下的柴草，濕漉漉的也燒不著。為了照常施工，早日建成大橋，義波和尚悄悄地掩上伙房的門，毅然把自己的雙腳伸入了灶中……

說也奇怪，義波和尚的雙腳頓時像兩根熊熊燃燒的薪木，升騰起熾烈的火焰。當他的雙腳燒成灰燼時，伙房裡一大鍋一大鍋的飯都煮熟了，造橋工匠無不感動得流下了熱淚。

後來有人作詩讚頌義波和尚的義舉：「為架虹橋甘捨身，伐薪雙膝泣鬼神。釜底熾火紅似血，留得千古美名存。」

蔡襄主持修建洛陽橋

其實，早在唐宋之前，泉州一帶就居住著越族人。至唐朝初年，由於社會動盪不安，時有戰爭爆發，所以造成大量的中原人南遷。

洛陽橋風光

在那個時候，遷到泉州及閩南一帶的多數為河南、河水和洛水一帶的人士。因此，後來泉州乃至整個閩南地區所用的語系稱為「河洛語」，也就是人們所說的閩南語。

洛陽橋橋面

這些中原人士帶來了中原先進、發達的農業技術和經驗，引導當地人們開墾農田和社會發展。他們來到泉州，看到這裡的山川地勢很像古都洛陽，就把這個地方也取名為「洛陽」。

由於當時的洛陽江水寬二點五公里，整日波濤滾滾。人們往返只能靠渡船，每次遇到大風海潮，常常會連人帶船翻入江中，所以，人們為了祈求萬無一失地平安過渡，就把這個渡口稱為「萬安渡」。

早在公元一〇四一年至一〇四八年間，有個叫李寵的泉州人。他為了群眾過橋方便，便在江中築造了幾個石墩，並架上了木板。但作為浮橋，一遇到水急潮湧，浮橋常被沖走，不能解決問題。

後來，人們接受了教訓，幾年以後，泉州人民紛紛倡議把浮橋改造為固定的石橋。為了順應民意，在後來的公元一〇五三年，有位叫蔡襄的到泉州府任職太守。

蔡襄，字君謨，他原籍本是福建仙遊楓亭鄉東垞村人，後來遷居莆田蔡垞村了。

他於公元一〇三〇年中進士，先後在宋代朝中擔任過館閣校勘、知諫院、直史館、知制誥、龍圖閣直學士、樞密院直學士、翰林學士、三司使、端明殿學士等職，後出任福建路轉運使，然後調任泉州太守的。

蔡襄任泉州太守期間，他為瞭解除洛陽江沿岸人民的渡江困難，決心建造一座大橋。然而，要在這深不見底、急流浪大的洛陽江上建造大橋，堪比登天還難。

但一心為民的蔡襄卻選擇了迎難而上，並親自到萬安渡勘查地形、觀察水勢、請教民師巧匠。最後，他在萬安渡選定了一個較為合適的建橋地點。

泉州洛陽橋

公元一〇五三年四月，蔡襄母舅盧錫帶領許多人一道來協助他建橋。他們廣泛宣傳，發動群眾捐工捐資。在蔡襄的主持下，人們集思廣益，就地取材，開採沿江山上巨石用來修橋。

盧錫是北宋人，在塗嶺虎岩寺受教於其父盧仁，與他一起讀書的還有他的外甥蔡襄。史志上記載盧錫「以處士終，生平好義，濟人利物」。他一生最大的貢獻是主持建造洛陽橋。

在建橋的過程中，由於海潮洶湧，導致建橋工程一度非常艱巨。於是，他們便採用了一種新型建橋方法，也就是在江底隨橋的中線鋪滿大石頭，然後在石堤上用條石橫直壘砌橋墩，他們創造式地運用了「筏型基礎」來建橋墩。

大橋在沿橋梁中線的河底下，用許多大石條壘成橋墩。這裡水深流急，石條拋下去後就會被大水沖走。為了解決這一難題，能工巧匠們反覆試驗，終於尋找到了一個好辦法。

泉州洛陽橋遠景

他們等待風平浪靜，潮水低落時，同時出動許許多多裝滿石條的船隻，把它們同時填進江裡。就這樣，他們在水底壘起了一座寬二十多公尺，長約五百多公尺的水下長堤。長長的橋基就宛如一條水下長龍，靜臥江底了。

洛陽橋的橋面及欄杆

蔡襄心想，要鋪設十公尺多長、又厚又大的石板，談何容易，要知道每一塊重達二三十噸，怎樣把石塊運到高高的橋墩上去呢？

但是，這個問題沒有難倒他們，修築橋梁的工匠們又從潮漲潮落中受到啟發。他們將巨石鑿成長十公尺左右，寬零點七公尺，淨重約十多噸的巨石板，利用漲潮浮舟的功能，立石為梁。

於是，工匠們等到漲潮時，就將石塊用木排運到橋墩跟前，借用漲潮的浮力，把石塊放置在石墩上。洛陽橋上大概有三百多塊石板和上萬塊石料，都是採用這種方法架上去的。

橋墩全部利用巨大條石，它們被錯落有致地壘砌成形。橋墩兩端均做尖形來分水，墩面兩層石條向左右挑出。為了增強橋面的承受力，橋面全部都用石條板鋪好。

為了把水底那些堆積在一起的石條凝聚成為一體，使之不被大水沖塌，造橋的工匠們又想出了一個絕妙的辦法。他們巧妙地利用繁殖「礪房」的方法，來聯結膠固石塊。

海底有一種長有貝殼的軟體動物，名叫「牡蠣」。牠有兩個殼，一個殼附在岩礁上或者另一個牡蠣上，互相交結在一起，另一個殼則蓋著自己的軟體。

牡蠣繁殖能力很強，而且無孔不入，一旦跟石膠成一片後，用鐵鏟也鏟不下來。工匠們利用牡蠣的這個特性，在橋基上種牡蠣。

這種用生物加固橋梁的方法，簡直是一項創舉。古今中外，絕無僅有。

洛陽橋有橋墩四十六座，橋長一點二公里，寬五公尺。橋的兩側有五百個欄柱，欄柱上均刻有石雕，用來保護行人的安全。橋的兩側共建置了九座石塔，用以鎮風，橋上共築了石亭七座，供路人休息。

大橋的兩旁還裝飾有許多精美的石獅子、石塔、石亭，橋兩端立有石刻人像守護。橋身及其附屬建築物，還有許多石雕。它們個個造型美觀，有昂首挺拔的石獅，有口含石球的球獅子。

藍天下的洛陽橋

整個工程的建造是巨大的，而且花費了一萬四千多兩銀子，這些全是人們自動捐獻的。蔡襄也賣了家裡十多公頃的地，捐獻給洛陽橋。

洛陽橋欄杆上雕刻的石獅

蔡襄不僅在主持建橋過程中，受盡艱辛，克服了種種困難，而且頂住了喪子亡妻的痛苦。最後，才有這座神奇的「畫海長虹」。

就這樣，經過六年八個月的艱苦施工，終於在公元一〇五九年十二月，完成了這一宏偉的工程。

太守蔡襄親自主持竣工儀式，並書寫「萬安渡石橋」五個大字，也稱之為「萬安橋」。後來由於大橋在洛陽江之上，因此人們又稱它為「洛陽橋」。

橋頭有兩通石碑，上面刻有蔡襄親自撰書的《萬安橋記》，石碑每塊高約三公尺，寬一點五公尺，文字精美，筆體蒼勁。書法藝術和橋的建築風格相得益彰，互為註釋。

【閱讀連結】

福建省泉州有一條洛陽江，江上有一座洛陽橋。橋在泉州城東十公里處，一座五百多公尺長的跨海梁式淺灰色花崗岩橋體，在陽光下遍體粼光，遠望如一條銀龍橫臥碧波，如一條銀練漂向大海。

人們為了紀念蔡襄修建洛陽橋的豐功偉績，便在橋頭修建了蔡公祠。祠柱上有一副楹聯寫道：「架橋天地老，留筆鬼神驚。」它稱讚洛陽橋是驚天動地的大手筆。

洛陽橋的千秋佳話

在洛陽橋建成以後的幾年中，許多建橋的能工巧匠，在閩南各地興起了一股建橋熱潮，這種情況延續了幾百年。

他們在閩南、閩中建起幾十座沿海大石橋，一舉改變了閩中南沿海交通阻塞現象。

洛陽橋

南宋孝宗乾道年間，泉州知府王十朋詠詩稱讚：

北望中原萬里遙，

南來喜見洛陽橋；

人行跨海金龜背，

亭壓空間玉虹腰。

功不自成因砥柱，

患宜預備有風潮；

蔡公力量真剛者，

遺愛勝於鄭國橋。

郡守蔡襄塑像

洛陽橋是中國歷史上一座最偉大的石橋，這麼巨大的建築工程，牽動了千千萬萬過往行人的感情，人們對於倡導修橋的郡守蔡襄無不產生敬仰之情。為了紀念他，後來人們修建了蔡襄祠。

蔡襄祠修建在洛陽江的南面，它始建於宋代，這是沿江兩岸的人們為了紀念蔡襄修建洛陽橋的功績，自發捐獻募款而建立的，人們並在此處為蔡襄塑像立碑。

蔡襄祠為清代典型殿堂式建築，坐北朝南，三開間，進深三間，寬十五公尺多，每進深二十公尺，三進計約六十公尺，總建築面積約九百平方公尺。

在大門的門楣頂匾額大書有「宋郡守蔡忠惠公祠」八個字。大門上還有一副公元一八七五年探花進士黃貽楫寫的對聯：

架橋天地老；

留筆驚鬼神。

泉州洛陽橋

前支柱有對聯集蔡襄詩句：

曉虹跨江一千尺；

樂事全歸眾人心。

後支柱有對聯：

四諫經邦昔日芳型垂史冊；

萬安古渡今朝濟眾肅觀瞻。

正殿中央，有蔡襄端坐雕像，體態莊重而灑逸，頗有文士、名宦之風範。塑像前為舉世聞名的《萬安渡石橋記》豐碑兩通，分立左右兩側。這兩塊碑都是蔡襄親自撰文，親筆題寫的。《萬安渡石橋記》的碑文簡潔凝練，僅有一百五十三字，書法精湛，筆力雄健遒勁，刻工傳神，世稱文、書、鐫三絕。

東側的為原碑，西側為後來摹刻的。其他九塊碑刻分立廊下兩側，均係明清兩代重修萬安橋及蔡襄祠之碑記，其中不乏考證文物和書法藝術價值。

第三進殿廳係為仿製泉州境內各地古代大小石橋的模型，展示了中華民族古代能工巧匠的高超修造橋梁藝術和智慧而建造的模型。

蔡襄祠門庭左右兩側分別豎立著兩塊巨碑，並修建了碑亭來做保護。

右側為清朝軍門提督、關中人張雲翼親自撰文重修蔡忠惠公祠碑記及懷蔡忠惠公七言古長詩，這首七言古詩分別刻於巨碑兩面。巨碑左側刻有清代文人蔡致遠撰寫的《興慶堂》記，以及《張公又南去思歌》也分刻於巨碑兩面。

此兩碑亭，巍峨壯觀，為蔡襄祠增色不少。

洛陽蔡襄祠

多少年來，洛陽橋雖經歷過多次重修，但其承載能力卻是驚人的。因為一座橋建成後，不但要承受過橋運輸，還要能抵抗天災人禍，洛陽橋在這方面承受住了考驗。

洛陽橋一角

洛陽橋在建成後，使得洛陽江天塹變通途，泉州也因此成為了「梯航萬國」的東南巨鎮。洛陽橋的修建，不僅為南宋時期泉州出現的大規模造橋工程提供了豐富的經驗，而且後來福建境內的安平橋、石筍橋、順濟橋等，都是仿造洛陽橋而建造起來的。

梯航指水陸交通。明朝代文人梁辰魚《浣紗記·治定》寫道：「而今應受天王寵，看萬國梯航一旦通。」近代文人嚴復《論世變之亟》：「自勝代末造，西旅已通，迨及國朝，梯航日廣。」

洛陽橋簡稱「萬安橋」，據說後來真與萬姓發生了關係，這是為了紀念抗倭名將萬民英。

萬民英是河北保定易州人，曾是海防守將，他曾經組織人們抵禦日本倭寇，屢建奇功，保衛了洛陽橋，保衛了泉州。

洛陽橋全部由堅硬的花崗岩築成，是中國古代著名的梁式石橋。洛陽橋在泉州與惠安的交界處洛陽江上，在古代這裡是福建與廣東北上的陸路交通要道，後來一直是福州、泉州、廈門往來的必經之地。

福建泉州的洛陽橋，一塊塊的大石頭牢固且扎實地將隔著一條江的兩岸彼此聯繫起來，四周遼闊空蕩，使得放肆的風任性的到處奔躍。

江邊停放著許多小船，在平靜的水面上隨著風輕輕地飄擺著船身，像個老人在搖椅上靜靜地、輕輕地、緩緩地搖盪著，回味他和老伴的一生。

江上有幾處沼澤地，上面繁殖了許多牡蠣。當地的人們依靠養殖牡蠣和捕魚為生。順風的方向，豎立著一尊巨大的觀世音神像，雙眼遙望湖面，祥和地凝視遠方，看守著每一艘遠出的小船。

洛陽橋當地居民也將精神寄託在那尊菩薩上，祈求保佑他們的家人，守護她們遠出的家人。人們燒香、拜神、祭祀、供養神明等，從此成了人們生活中的習慣，這不僅造就了洛陽橋古樸的地方特色。

後來，有關洛陽橋修建的碑記達二十六塊，分布在橋中亭周圍及橋南蔡襄祠和橋北的昭惠廟。

泉州開元寺

一座橋的興建及修建的石刻碑文有二十六塊之多，這在中國橋梁中是極為罕見的，可見洛陽橋的興建的艱難和修理的繁複，更重要的是這座橋與人們的生活具有密切的關係。

洛陽晝錦堂記碑

著名的旅行家和商人馬可·波羅描繪洛陽橋「宏偉秀麗的刺桐城」時，還特別提到這座「車橋頭」、「風檣林立」、「舶貨山積」的繁榮景象。

洛陽橋的建成，成了中國造橋史上的一座豐碑，成為人們千古傳誦的佳話。

【閱讀連結】

相傳有個經商做生意的李五路過洛陽橋，此時蔡襄造橋已經過了三百多年，因為洛陽橋年久失修，橋墩下沉，橋面坎坷不平，橋底沙土沉積，水位上升。若是遇到漲潮，還有暴風雨，橋就不能過，只好雇渡船。

李五決定修繕洛陽橋。

在李五的捐資和主持下，工匠們先是將洛陽橋的欄杆、亭子、石獅、大橋板拆下來，將歪歪斜斜的橋墩移正，再打新石料疊上去，將橋墩加高，再架上大石板，安好欄杆、石獅、石將軍，蓋好石亭、石塔等。

最後，洛陽橋的面貌是煥然一新，不管風雨漲潮，都暢通無阻了。

天下最長橋安平橋

安平橋始建於公元一一三八年，位於福建省晉江安海鎮和南安水頭鎮之間的海灣上。大橋歷時十三年建成。

安平橋長兩千兩百五十五公尺，寬有五公尺餘，橋面寬約四公尺，橋墩三百六十一座，疏水道三百六十二孔。安平橋因安海鎮古稱安平道而得名，又因橋長約為二點五公里，俗稱「五里橋」。

安平橋宛如一條玉龍橫臥於晉江、南安兩市交界的海灣上，東連安海鎮，西接水頭鎮，是中國古橋梁中首屈一指的大長橋，享有「天下無橋長此橋」之美譽，更是中國古代世界最長的梁式石橋。

道人剷除孽龍並造橋

傳說很早以前，福建安海這地方常年遭受洪水和海潮的雙重侵襲，使當地的人們苦不堪言。人們經常去寺廟祈神拜佛，但還是無法改變這種苦難的現狀。

平安橋附近村莊

後來有位道人聽說了，便親自趕往此地，想法查出究竟是什麼原因使這裡的災難這麼多。經過一段時間，道人發現原來竟是東海和南海的兩條孽龍在作祟。

福建安海水心亭

道人此前已經潛心修煉多年，就想在人間打抱不平，為民除害。正好趕上了安海的孽龍在此囂張，他豈能坐視不理？於是便決定親自作法，祛除孽障。

有一天，他來到安海的岸邊，看到這兩條孽龍正在海灘上嬉戲，玩得不意樂乎，心想等你們玩累了看我怎麼收拾你們。等到孽龍玩累了在睡覺的時候，道人做起仙術來想法鎮住孽龍。

施法完畢後，見兩個孽龍已經昏迷不醒了，道人便決定將它們挑到常年鬧水患的安海港，於是他用法力變化出兩個大簸箕和一把大鐵鏟，把這兩條孽龍鏟到簸箕上，準備運走去填海。

道人便將兩個孽龍用簸箕裝上，只聽「砰咚」一聲巨響，頓時，海灘上留下了兩個大窟窿，後來水流積聚就變成了龍湖和虒湖。

「龍湖」是黑龍住過的地方，所以這個湖的泥土是黑色的。「虒湖」是赤龍睡過的地方，因此這個湖的淤泥是赤色。

道人裝好孽龍後便挑著這兩筐孽物走到一處叫大山後的地方。由於跨越溪澗時，步子邁得過大，將扁擔給壓斷了。

剛被法力鎮住的兩條孽龍從夢中醒來，趁著道長不及下手，變成了兩堆土，然後，真身飛上天去了。

這兩堆土就成了現在的「黑麒麟山」和「赤麒麟山」，後來人們說這兩座山推去填入「龍湖」和「虒湖」正好絲毫不差。道長看沒收拾好這兩條孽龍，就悶悶不樂地回靈源山繼續修煉去了。

沒想到的是，兩個惡龍依然死心不改，隔了不到半年，就又前來作怪，弄得安海地界大雨下個不停，九溪十八澗的大水翻過了石壁峽，直衝安海港而來。

安海鎮的人們就這樣不得安寧的過日子，人們的房屋和牲畜經常被大水沖走，有時甚至性命都難保。

在深山修煉的道人，知道孽龍不死，還會禍害人間，而且這幾年的修煉中都無時無刻的在惦記著這裡人們的安寧。但是只能是先修煉成仙再說了。

安平橋中亭

若干年後，道人終於休得正果。得道成仙的道人早知道這兩條孽龍還會重來這裡作怪，便用法力在靈源山頂向安海方嚮往去，果然那兩條孽龍又在作怪。所以決定馬上出關，下山趕往安海。

安平橋

道人一來到安海便施法運功吐出一條七彩鎖鏈，從安海鎮跨過海灣，直至南安的水頭鎮，孽龍見狀嚇得魂飛魄散，馬上潛入水底，逃到大海去了，大水也退了。

人們見到道人用長虹擊退了孽龍，連忙道謝並告訴道人，這裡近幾年一直孽龍的禍害，簡直民不聊生。道人怕以後孽龍又會捲土重來，就提議當地的人們用長條大石，一段一段地鋪砌起來，建造一條天長地久的鎖蛟玉帶。

這樣的話，一來可以鎮鎖孽龍再次作怪；二來也便於兩岸百姓的往來。道人將建造鎖蛟玉帶的意見提出來後馬上得到了眾人的支持，人們紛紛捐款捐物，有錢的出錢，有力的出力，很快這條長達二點五公里的跨海大石橋就建造起來了。

五里橋邊上的廟宇

兩條孽龍知道了，這裡的大橋會將他們鎖住，竟然望風而逃了。當地的人們見孽龍逃走了，也都拍手叫好，稱讚道人法力無邊。

從此，孽龍再也不敢來此處興風作浪。各地商旅船隻也紛紛相邀而來，所以後來，商業日益發達，莊稼年年豐收，百姓們安居樂業，這座橋就被稱作「安平橋」。

【閱讀連結】

據說，僧智淵原是南安的一名秀才，叫李學智。他一心想功名成就，可因家貧如洗，雙親年邁多病，臨考前無奈何去安海向巨商世家黃護的父親黃文斌借錢，保證日後一定報恩。

黃文斌見他為人忠厚老實又孝順父母，就借給他白銀三百六十二兩。誰知他乘小船返回南安至水頭時，卻遇大頭龜興風作浪，船沉海底，幸得被尼姑救往天竺山修身唸佛。

二十年後，黃文斌已去世，他的兒子黃護籌建安平橋，僧智淵就下山相助。為紀念黃文斌的功德，就特意將疏水道分成了三百六十二孔。

僧祖派主持在泉州建橋

神話終歸是神話，其實真正的大橋建造是非常艱苦的。泉州自南北朝時期起，就有了海外交通，至唐代，泉州更是成為全國對外貿易的四大港之一。安海鎮古時名安海渡，原是個水陸碼頭。

安海古名「灣海」，是由於安海海港彎曲而得名。宋開寶年間，唐安金藏之後安連濟居此，易灣為安，稱安海。以後，關於安海名稱的由來，都沿襲此說。明朝稱「安平鎮」，清朝復稱安海。歷史上的灣海港憑藉港灣深邃，交通發達，物產豐富，商人善賈等優越條件，形成了一個很有特色的地區。

安平橋

由於泉州繁盛，它就跟著興旺起來。南宋趙令衿《石井鎮安平橋記》記載：

瀕海之境，海道以十數，其最大者日石井，次日萬安，皆距閩數十里，而遠近南北官道所從出也……唯石井地居其中，而溪尤大，方舟而濟者日千萬計。

可見安海渡需要安平橋，同萬安渡需要洛陽橋，同樣的迫切。而且由於都是跨海，這兩橋的修建也同樣艱難。安海到水頭的海面，已經夠寬了，同時，還有從西面來的注入海灣的河水，秋季還有台風。

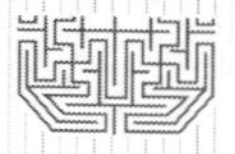

福建東關橋建築

安海港的山洪暴發又加海潮襲擊時，海灣裡的波濤洶湧，過渡都十分的危險，何況要在這險灘之上造一座跨海大橋呢！可見當時的困難是非常大的，但人們還是將這項巨大的工程建起來了。

安平橋

據記載泉州並及閩南一帶的歷史沿革及政軍民情風俗的《泉州府志》記載：安平橋是公元一一三一年，安海大財主黃護和僧智淵帶頭各捐錢一萬緡，並由僧祖派主持開始興建這座大石橋。

建橋工程快完成一半時，因為黃護和祖派相繼亡故而停工，直至公元一一五一年十一月，郡守趙令衿來泉上任後，再主持續建，又花了一整年時間，才完成這個浩大工程，名為「安平橋」。

安平橋，又因安海鎮東建有東橋，故相對稱「五里西橋」。它東連晉江安海鎮，西接南安水頭鎮，橫跨在兩市交界的海灣上，是中國古代首屈一指的長橋，歷來享有「天下無橋長此橋」的美譽。

安平橋所以要這樣長，是因為要跨過一個海灣，從東面安海鎮的海岸至西面水頭鎮的海岸，海灣通向台灣海峽，裡面的船隻雖不能遠涉重洋，但在安海與水頭之間，卻是古代的唯一交通工具。

較安海橋，也就是安平橋為三分之二的東洋橋，居然在半年內就建成了，可見趙令衿的造橋隊伍中，確實有卓越的工程師。自從東洋橋建成後，安平橋就又名「西橋」，但東洋橋不久就被毀壞了。

明代的安海史志《重修安海橋募緣疏》記載：

自東橋蕩析，惻孤影以存羊，嘆反覆之無常，覺成虧之有數。

安平橋的材料全係花崗岩石砌築，屬石墩石梁橋。面寬約四公尺，原有橋墩三百六十一座，疏水道三百六十二孔。

安平橋

安平橋旁水心亭

大橋的橋墩是用長方形條石橫豎交壘而成，上部順橋梁方向有三四層出挑，以縮短橋梁跨度，增強橋面承受能力。

大橋的橋基根據地層的不同分別採用「臥本沉基」和木樁基礎。橋面每間架設五條至八條石板，長度在五公尺至十一公尺之間，重量自四點五噸至二十五噸不等，相傳這些巨大的石材採自隔海的金門島、大佰島。

大橋建造時，利用潮汐的漲落，來控制運石船隻的高低位置，把石板架上橋墩。為了安全，橋面的南北兩端都築有石欄杆防護。橋兩側的石護欄的柱頭雕有獅子、蟾蜍。

潮汐現象是指海水在天體引潮力作用下所產生的週期性運動，習慣上把海面垂直方向漲落稱為「潮汐」，而海水在水平方向的流動稱為「潮流」。古代稱白天的河海湧水為「潮」，晚上的稱為「汐」，合稱為「潮汐」。

在橋的南北兩側，可見方形石塔四座、圓塔一座豎立在水中。

安平橋上的五座橋亭，即東西兩座路亭，橋尾水前沿的海潮庵，橋頭的這座超然亭，還有中亭，用來供行人歇腳。

史上最長的橋

在橋的構造上，根據橋梁橫跨海灣中貫穿著五條港道的特點，橋墩分別設計了三種形式：

一種是長方形墩，築於水淺流緩水域，有三百零八座；一種是一頭尖、一頭方的半船形墩，築於較深的水域，尖端朝向深海，以緩和海潮的衝力，有二十五座；一種在深港處的橋墩則設計的雙頭尖的船筏形，可用來分解溪流和海潮對大橋的衝擊。

從結構形式來說，安平橋幾乎是完全模仿萬安渡的洛陽橋的，兩橋都在泉州瀕海地區，也都是所謂的「簡支式」的石梁橋。

安平橋自宋代以來歷經十數次重修。宋代建橋時，鄉人用造橋剩下的錢建成的鎮塔，也經過多次重修。明代重修後的鎮塔改名為「文明塔」，塔內有旋梯達塔頂，可以瞰望長橋的雄姿。

在清代，安平橋的橋頭橋尾還各增建一座擁有拱形門的石牌樓，俗稱「隘門」。橋頭這座叫「望高樓」，是原橋頭被拆毀一小段後於公元一八六四年在新橋頭建造的，用來表示這是橋的開頭。

隘門是中國傳統建築之一，普遍設置於村落或城市街道巷弄中的防禦建築。形式有磚石造的牆門及單開間的門樓，傳自客家或閩南傳統建築居多，主要功能除了阻止盜賊進犯外，也預防了分類械鬥。

望高樓樓上嵌有一方公元一八六四年邑人黃章烈所寫楷書「望高樓」三個字的石匾額，樓下嵌有一塊題有楷書「寰海鏡清」四個字的石匾額。

安平橋的橋尾的牌樓是公元一八〇八年建造的，當年南安知縣盛本所寫的楷書「水國安瀾」四個字。距該牌樓幾步遠的地方還豎立一通鐫刻著篆書「安平橋」三個字的石碑。

中亭叫「泗洲亭」，原稱「水心亭」，也就是現在橋頭那座亭子的名稱，因它位於橋的中部，又是晉江南安的分界處，而俗稱「中亭」。

安平橋

中亭也是大橋建成時的建築物，後來又多次重修或重建，其中最後的一次是公元一八六六年重建的，本祀供奉著泗州佛，後祀供奉著觀音。

安平橋旁碑文

中亭的石柱上有一對十分引人注目的楹聯，上面寫有：「世間有佛宗斯佛，天下無橋長此橋。」

亭的四周和牆上還立有明代至現代重修安平橋的碑記十四塊。亭前還有兩尊石將軍，高約一點六公尺。

在安平橋建成的時候，安海龍山寺的佛祖為了保證五里橋的長治久安、不受水妖陸怪的破壞，特地派了兩名石將軍，以觀音的名義，駐鎮在橋的中亭。這兩名石將軍威武無比，手握神器，日日夜夜守在這裡。

安平橋的建成充分顯示了中國古代勞動人民的智慧和能力。

【閱讀連結】

古代泉州是海上絲綢之路的起點，而安海又是古代泉州海外交通的重要港口。

公元九六〇年至一三六八年期間，由於商貿興盛，經濟繁榮，為利於物資運轉、行旅往來，泉南沿海掀起一股「造橋熱」。

據記載宋代泉州城外晉江縣境造橋達四十多座。安平橋也就是這一時期因安海港地位的更加重要而興建的。

宋代改稱「石井鎮」，明代又改稱「安海鎮」，後來鄭芝龍開府安海後，又改回古名稱「安平」。

江南第一橋廣濟橋

廣濟橋最開始建於公元一一七一年，當時它還只是一座浮橋。公元一五三〇年，經過多次修改與重建，最後形成「十八梭船廿四洲」的格局。

廣濟橋位於廣東省潮州古城東門外，橫跨韓江，聯結東西兩岸，為古代閩粵交通要津。橋全橋長五百一十八公尺，分東、西、中三段，東西兩段皆為石礅、石梁橋。東段共有十二孔、十三墩，長約兩百八十三公尺；西段共有七孔、八墩，長一百三十七公尺；橋面寬約五公尺；中間一段長約一百公尺。

廣濟橋以集梁橋、浮橋、拱橋於一體的獨特風格，廣濟橋是世界上最早的啟閉式橋梁。

仙佛造橋的美麗傳說

廣濟橋一角

相傳，唐代著名文學家、政治家韓愈被貶潮州之後，他喜歡獨自登上筆架山飽覽勝境。

他站在筆架山的頂峰，遙望東門之外的惡溪，只見江水洶湧，人們駕舟渡江，那一葉葉扁舟被急流沖得顛簸打旋，險象環生，稍有不慎，便可能連人帶舟被江水吞噬。

韓愈見此情景，分是看在眼裡，急在心上。於是，他決心要在這惡溪之上建造一座大橋，以方便百姓往來東、西兩岸。但是，惡溪的水流這麼湍急，要想在這上面建一座大橋是極為困難的，誰能擔此重任呢？

廣濟橋凌霄樓台

韓愈在心中不停地思索這個問題，最後決定叫來自己的侄子，就是八仙之一的韓湘子和自己法力無邊的好朋友廣濟和尚來幫忙。

這是為人們做好事啊！

韓湘子和廣濟和尚很樂意地就答應了，而且，韓湘子還把其餘七個仙人一起邀請過來幫忙建造修橋。

事不宜遲，仙佛們說幹就馬上開工了。經過韓愈的協調和大家的一致協商，便決定由八仙負責大橋的東段工程，廣濟和尚一人負責橋的西段。就這樣，兩邊各施其法，各顯神通，開始築橋。

廣濟和尚穿過潮州城，出了西門，來到桑浦山下。

他看到山上滿是石頭，便點點頭，口中唸著符咒，用手一指，霎時間風起雲湧，草木飄搖，只見山上的石頭紛紛滾落山下，變成一隻隻溫順的羔羊。羔羊跟在廣濟和尚後面朝著潮州城行進。

廣濟橋橋樓

同一時間，韓江東岸那邊八仙也在到處尋找建橋的材料。他們來到鳳凰山麓，一齊施展法力，把山上的石頭變成豬群，然後趕著豬群奔向工地。

人多好辦事，八仙每人各趕一群豬。鐵拐李因為瘸腿，拄著拐杖，走路很慢，沒過多久，便被眾人拋在後面。這時，從路旁的山坡上傳來一陣淒厲的啼哭聲。

鐵拐李循聲望去，只見一個身穿白衣、頭紮白帶的婦女在墳地裡哭泣。鐵拐李立刻感到事情不妙，喊道「不好！」正想把豬群趕開，但為時已晚，豬群化作石頭堆成一座山。這座山就是「豬山」。

原來，仙法如果被喪氣一衝，便會失靈！鐵拐李無奈，只好獨自回工地，把事情經過告訴大家。

那邊，廣濟和尚也碰上了麻煩。他把羊群趕回潮州城，清點了一下卻發現少了兩隻，於是趕緊回頭去尋找。這兩隻迷途的羔羊在半路上找到了，正要把牠們趕回羊群時，忽然，路旁竄出一個人來，厲聲吼道：「你這個和尚，竟然偷我家的羔羊！」

廣濟和尚一看，就知道他是一個貪財的地主，便耐心地解釋道：「你認錯了，這不是你家的羔羊。」

但貪財的地主聽不進去，硬把羊拖走了。

地主將羊拖到自己的田裡時，羊怎麼也不肯走了。地主便氣急敗壞地在羊身上抽了一鞭。不料這一鞭抽下去，忽然天昏地暗，四野一片蒼茫。

等到天空恢復明朗時，那兩隻羔羊已經變成兩座小山，把地主連同他的田地都壓在山下。這兩座山就被後人叫做「烏洋山」。

廣濟橋的浮橋

大橋因為少了八仙的一群豬和廣濟和尚的兩隻羊，橋建到江心，石料便沒有了。這可急壞了鐵拐李，他氣得跺了一腳，卻把東端近江心的橋墩跺掉了一角。

眼看江水滔滔，大橋連接不起來，正在大家都覺得手足無措時，聰明的何仙姑心生一計，只見她將手中的寶蓮花拋下，花瓣在江心散開來，變成十八艘梭船。只是這些梭船在江面上打旋，無法連接起來。

廣濟橋

廣濟和尚見狀，立即拋下自己手中的禪杖，禪杖化成一根大籐，把十八艘梭船繫住，成為浮橋。這樣，整座大橋便連接起來了。

大橋建成後，潮州老百姓為了紀念韓湘子他們八位仙人和廣濟和尚的功績，就給橋起了兩個名字，一個叫「湘子橋」；一個叫「廣濟橋」。就這樣，八仙和廣濟和尚為潮州人們建立了一座世上絕無僅有的集梁橋、浮橋、拱橋於一體大橋，橫跨韓江之上，為後人所樂道。

【閱讀連結】

相傳，古時有一個醉漢，天天拎著酒壺到廣濟橋梭船上獨飲。他經常喝得酩酊大醉，時而騎上牛背，時而臥倒牛旁，時而吟唱，時而哭泣，狂態百出。

一天，他大醉後爬上牛背，倒騎牛，大聲吟唱道：「騎馬不及騎牛好，陸馬難追水牛走。湘子橋頭水牛生，騎牛翻身朝北。」

話音剛過，就看見韓江上游有隻大水牛緩緩游到醉漢身邊，他翻身騎上牛背，往鳳凰山頂飄然飛去。人們這才知道，他竟是一位神仙。

因為這個傳說，大詩人丘逢甲作了這樣的詩句：「何處騎牛尋醉漢，鳳凰山上日雲煙。」

歷任太守修建廣濟橋

仙佛造橋其實也只是民間流傳的一個神話傳說，大橋是在公元一一七一年，由潮州太守曾汪修建，當時修建的是一座浮橋，由八十六艘巨船連結而成，當時稱為「康濟橋」。

潮州廣濟橋

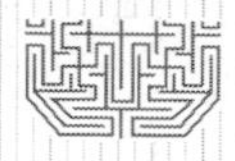

啟閉式梁橋

後來在公元一一七四年，初建不到三年的浮橋康濟橋就被洪水沖垮。太守常煒又開始重修浮橋，並在河的西岸創建了一個高閣子，還開始了西岸橋墩的建築。

至公元一一九四年，朱江、王正功、丁允元、孫叔謹等太守相繼增築橋墩，共計完成了十個橋墩的建造。

後來大橋的重修數次，其中公元一一八九年，太守丁允元建造的規模最大、功績最著而改稱西橋為「丁公橋」。

丁允元，官居太常寺卿，後來被貶為潮州知州。治潮多有建樹，除了增築康濟橋西段四座橋墩外，還把原建在城南的「昌黎伯韓文公廟」，易名為「韓文公祠」。特別崇拜韓愈興學育才的風範，規定各地增置「學田」，以此發展地方教育事業。為政清廉，關心民瘼，深得民心，為後世潮人所敬仰。

公元一一九四年，潮州太守沈宗禹在大橋的東岸築「蓋秀亭」，並稱東橋為「濟川橋」。

緊接著後來，太守陳宏規、林驃、林會相繼增築，至公元一二〇六年，歷時十二年，建成橋墩十三座。東西橋建起來後，中間仍以浮舟連結，形成了梁橋與浮橋相結合的基本格局。

宋代末期至元代，廣濟橋又有許多次的興建與修繕。公元一四三五年，知府王源主持了規模空前的「疊石重修」，竣工後，西岸為十墩九洞，長為一百六十五公尺;東岸為十三墩十二洞，計長約二百八十七公尺;中間為浮橋，長九十一公尺，造了二十四艘船並排相連接。

在大橋上共建造了一百二十六間房屋，建成後更名為「廣濟橋」。

公元一五一三年，新一任的潮州知府譚綸又增建了一橋墩，減少了浮船六艘，然後使它形成了「十八梭船二十四洲」的獨特風格。

公元一七二四年，知府張自謙修廣濟橋，並鑄造牲牛兩隻，分別立在西橋第八墩和東橋第十二墩，是為了「鎮橋御水」。

廣濟橋的亭子

公元一八四二年潮門洪水，東橋第十二墩的鐵牛墜入江中。後來就有了民謠：

潮州湘橋好風流，十八梭船二十四洲，

二十四樓台二十四樣，兩頭牛一頭溜。

廣濟橋集梁橋、拱橋、浮橋於一體，是中國橋梁史上的首例也是唯一的一例。

廣濟橋橋墩上建有形式各異的廿四對亭台樓閣，還有兩頭鐵牛分東西鎮水，兼做經商店鋪，所以就有了「廿四樓台廿四樣」、「一里長橋一里市」的美稱。

廣濟橋最有特色的結構就是梁舟結合，剛柔相濟，有動有靜，起伏變化。廣濟橋的東、西段是重瓴聯閣、聯芳濟美的梁橋，中間是「舳艫編連、龍臥虹跨」的浮橋。

潮州廣濟橋浮橋

廣濟橋浮橋局部

所有見過的人都稱：這簡直是一道妙不可言的風景線。

清乾隆年間有人賦詩讚美廣濟橋：

湘江春曉水迢迢，十八梭船鎖畫橋。

「湘橋春漲」因而被列為潮州八景之首。湘橋春漲是描繪在暮春三月桃花水汛，韓江水漲，河面增闊，十八艘梭船的漲落隨潮水浮沉升降與橋東西墩連成一線，恰似長龍臥波活現。展望江面，但見韓水上游輕舟點點隨波飛馳，中游東岸筆峰搖翠，下游鳳凰的桃花盛開，景色迷人。

從結構上說，梁舟結合，廣濟橋開啟了世界上啟閉式橋梁的先河。

廣濟橋的浮橋可以發揮啟閉橋梁的作用，它主要用於通航、排洪，正如《粵囊》記載：

潮州東門外濟川橋……晨夕兩開，以通舟楫。

所以，每當韓江發洪水，又可解開浮橋，讓洶湧澎湃的洪流傾瀉而出。

除此之外，廣濟橋還有關卡的作用，潮州的廣濟橋是鹽商的商船必經之處，所以自明代就在這裡設了關卡來收取鹽稅。後來，朝廷還派人與潮州府共同管轄此地。

另外，方志中有記載：

公元一七二五年，由鹽運同駐潮州與知府分管橋務，東岸屬運同掣放引鹽，西岸屬潮州府稽查關稅。

「廿四樓台廿四樣」，是廣濟橋的初創階段，其實這時已經有了築亭「覆華屋」修建於橋墩上的舉措，並被稱為「冰壺」、「玉鑑」等美稱。

公元一四二六年至一四三五年之間，知府王源除了在五百多公尺長的橋上建造百二十六間亭屋之外，還在各個橋墩上修築樓台。

廣濟橋的樓台

這些樓台並分別以奇觀、廣濟、凌霄、登瀛、得月、朝仙、乘駟、飛躍、涉川、右通、左達、濟川、雲衢、冰壺、小蓬萊、鳳麟洲、摘星、凌波、飛虹、觀瀾、浥翠、澄鑑、升仙、仰韓為名。

韓江上的廣濟橋

從此以後，橋樓的建設，將廣濟橋推上橋梁建築的頂峰。正像明代文人李齡在《廣濟賦》中所記載：

方文一樓、十丈一閣，華稅彤撩，雕榜金桷，曲欄橫檻，丹漆黝堊，鱗瓦參差，檐牙高啄……

這樣的綺麗壯觀的美景，在古代嶺南地區的風雨橋是最為常見的，但規模如此之大，形式如此之多，裝飾如此之美，確實是世間少有。

此外，廣濟橋還有「一里長橋一里市」之美名，因為這裡是「全粵東境，閩、粵、豫章，經深接壤」的樞紐所在，橋上又有眾多的樓台，因此，這裡很快便成為交通、貿易的中心，成為熱鬧非凡的橋市。

天剛破曉，江霧尚未散盡，橋上已是「人語亂魚床」了。待到晨曦初露，店鋪競先開啟，茶亭酒肆，各色旗幡迎風招展，登橋者抱布貿絲，問卦占卜，摩肩接踵，車水馬龍，絡繹不絕。正如李齡的《廣濟橋賦》所描寫的：

潮州廣濟橋

諾夫殷雷動地，輪蹄轟也；

怒風搏浪，行人聲也；

浮雲翳日，揚沙塵也；

向遏行雲，聲報林木，遊人歌而驛客吟也；

鳳嘯高岡，龍吟瘴海，士女嬉而蕭鼓鳴也；

樓台動搖，雲影散亂，衝風起而波浪驚也……

活脫脫地就像一幅活動的《清明上河圖》。這就有了後來遊客鬧出「到了湘橋問湘橋」的笑話。

【閱讀連結】

廣濟橋雖幾經修築，但還保留著重美輪美奐的絕妙景緻。而且像這樣規模如此之大，形式如此之多，裝飾如此之美，在世界上是絕無僅有的。

廣濟橋還以「十八梭船二十四洲」的獨特風格與趙州橋、洛陽橋、盧溝橋並稱中國四大古橋，曾被譽為「世界上最早的啟閉式橋梁」。

明代知府王源劈石造橋

廣濟橋的樓台

王源是福建龍岩人，字啟澤，號葦庵，明永樂甲申科進士，當時也就是公元一四〇四年。等到了公元一四三五年，他到潮州任知府。當時皇帝委派十一個朝官為邊陲州知府，據說其中一個便是傳統崑曲《十五貫》中的況鐘；另一個便是王源。

廣濟橋的鐵牛

在王源任潮州知府期間，橫跨韓江的廣濟橋已頹敗不堪，過江的人們只能靠擺渡。

這時地主和豪紳便乘機霸占了渡口，借渡斂財。王源見到了這種狀況痛心疾首，於是決心要把廣濟橋修好。

在那時，西湖葫蘆山上有兩塊怪石，大數十圍，高數丈，因為形狀很像蟾蜍而得名「蟾蜍石」。這兩塊怪石朝城區方向傾斜，潮州人都說這是「白虎瞰城」，潮州因此經常鬧火災，百姓經常到官府訴訟。

身為知府的王源也更是為此事著急，他心想：修橋正需要石料，不如將此兩塊怪石除去，一來可以將石料用來修橋；二來可以為民除害。想到這王源便打定了主意要除石修橋，他就派衙使李通、陸雄率領一些民工到西湖山除石。

這一下驚動了收慣橋捐和渡船錢的豪紳們，趕忙出來攔阻說：「這怪石動不得！」

王源回答說：「既是怪石，只能使潮城人受火災又多訴訟，為何不除掉？除了怪石又修了橋，一舉兩得，何樂不為呢？」

富紳們心裡不悅，因為此舉定會斷了他們的財路，便在民間造謠惑眾，說誰動了怪石，便惹了災禍，潮郡人將要大難臨頭。

一時間風聲鶴唳，李通、陸雄被嚇得不敢動手，只得回報說，這怪石根深蒂固實難除也。

但王源的決心已定，他說：「韓文公來潮能祭走鱷魚，我難道連這石頭都搬不動嗎？」

王源心想肯定是有人在背後搗鬼，急忙吩咐李通、陸雄商量對策，並說「怪石必須要除，若招來禍災，概由本官擔待！」

廣濟橋遠景

王源便選定吉日，親自帶了百餘名兵勇，大鬧葫蘆山。王源對著大家莊重地宣布：「我先動手，如果平安無事，那大家齊動手。」說罷，猛向石頭揮去。

「轟」的一聲，火花四濺，怪石已缺了一片。王源取了筆在石上大書：

敕廣東潮州知府王源除怪石

王源的這一舉動深得廣大民眾的擁護，人們看到知府自己動手，也紛紛揮動鐵鎬。

大家齊心協力，沒多久，兩塊怪石已破成數段，推倒在地上。

除掉了怪石，經過石工的加工，大的拿去做橋梁，小的拿去砌橋墩。

廣濟橋仰韓閣

沒多久便把破爛的湘子橋修復，廣濟橋修好了，還增建了五個橋墩，並在每個橋墩上建造了不同式樣的樓閣，非常別緻。

廣濟橋——濟川樓台

白此，潮州的火災及訴訟也少了許多。人們無不拍手稱快！

王源還把「濟川橋」改名為「廣濟橋」。從此，葫蘆山上不再鬧怪石，潮城人也不再怕「白虎煞氣」了。

而那些被斷了財路的豪紳們以王源造橋為自己樹碑立傳，掛自己肖像於亭中為藉口誣告他，王源因此被捕坐牢。幸好潮州父老派代表上京請願，他才得以平反冤獄，官復原職。

後來這段故事成了最富有傳奇色彩的石刻、碑記有《王源除怪石詩》、《王源除怪石記》及《王侯除怪石記》等。

潮州廣濟橋

王源在潮州時，為人們做了許多好事，後人曾在湘子橋頭興建「王公祠」紀念王源的功績。

因為後來橋頭經常水漲，不便祭祖，就把「王公祠」遷移到金山麓下，每年前往祭祀的人很多。

【閱讀連結】

吳府公是清代道咸年間的潮州知府吳均。某年韓江水大漲，淹上城牆，潮城告急。吳府公為拯救全城百姓，登上東門樓祭水，祈求水退，但水始終沒退。

於是他把自己的官帽、官服投於水中，表示與城共存亡。說也奇怪，此時洪水竟就退了。

後來，老百姓為了頌揚他的功績，在東門樓設了他的神像祭祀，並在湘子橋的東橋建了「民不能忘」牌坊。

廣濟橋的美名遠播

廣濟橋是一座美輪美奐、活色生香的文化古橋。廣濟橋，在潮州城東門外，橫臥在滾滾的韓江之上，東臨筆架山，西接東門鬧市，南眺鳳凰洲，北仰金城山，景色壯麗迷人。

廣濟橋濟川樓台

廣濟橋，多次修復仍面貌一新，其獨特之風姿與高雅之造型藝術，令人嘆為觀止。而且橋上琳瑯滿目的楹聯亭匾，更讓人恍若置身於詩文書法的藝術長廊中。

潮州的廣濟橋被譽為中國古代四大名橋之一，不但歷史悠久，建築壯觀，而且洲梁與浮梁相結合，橋道和橋市相結合，具有獨特的功能與風貌。

從宋代初建時起，著名詩人楊萬里稱廣濟橋就有題詠：

玉壺冰底臥青龍，海外三山墮眼中

明代潮州知府王源曾大規模重修廣濟橋，架亭屋一百二十六間，橋樓二十四座，會稽王友直也曾撰寫碑記稱，四面八方來的遊客，都說廣濟橋為江南第一。

明月初上的廣濟橋，酒肆中燈籠高懸，蛋艇裡猜拳行令，妓篷中絲竹細語，真是「萬家連舸一溪橫，深夜如聞鞞鼓鳴」，待到「遙指漁燈相照靜」，已是「海氛遠去正三更。」

廣濟橋的亭子

韓江上的廣濟橋

廣濟橋的夜色也是別有一番情趣的：

吹角城頭新月白，賣魚市上晚燈紅。

猜拳蛋艇猶呼酒，掛席鹽船恰駛風。

廣濟橋也被譽為「湘橋春漲」，是著名的潮州八景之一：時當暮春三月，韓江水漲，河面增闊，湘子橋東西段中間十八梭船連成一線，真似長龍臥波。

潮州八景有內外之分，內八景是指於古城街巷之間，而外八景則指城外韓江兩岸。內八景後來被逐漸湮沒，人們所說的潮州八景主要是指外八景，也就是「鱷渡秋風」、「西湖漁筏」、「金山古松」、「北閣佛燈」、「韓祠橡木」、「湘橋春漲」、「鳳台時雨」、「龍湫寶塔」。

觀上游兩岸的滴翠竹林，下遊仙洲盛開的桃花和沿江的綠柳都像浮在水面，景色宜人，疑似三湘。這一番景緻在清乾隆進士鄭蘭枝盛傳海內外的《潮州八景》詩中，描繪得絕妙：

湘江春曉水迢迢，十八梭船鎖畫橋。

激石雪飛梁上冒，驚濤聲徹海門潮。

鴉洲漲起翻桃浪，鱷渚煙深濯柳條。

一帶長虹三月好，浮槎幾擬到雲霄。

這座充滿神奇的大橋，每一個橋墩距今都有幾百年的歷史，從宋代建成第一個橋墩到形成「十八梭船二十四洲」的格局，前後共延續了三百多年。

公元一四二六年至一四三五年之間，王源在橋上建造的一百二十六亭屋和二十四座橋樓，的確不是單純為了點綴景觀和遮蔽風雨，而是當時的東南沿海一帶的資本主義商品生產，已經有了最新的萌芽。

潮州人利用橋屋來做生意也許比大街通衢更有利於招徠和流通。

至清代，商品物資交流更是進一步活躍。潮州府城人口稠密，士商富足，湘橋橋市更為繁榮。近代詩人丘逢甲在《廣濟橋》一詩中便寫出了這樣的情景。

五州魚菜行官帖，兩岸鶯花集妓篷，

漲痕雨急三門信，夾道風喧百果香。

五州是指潮州、嘉應州、汀州、贛州、寧州，這麼廣闊地區的食鹽、魚鹽均由橋市發運，稱為「橋鹽」，一年稅額高達十六萬兩白銀。至於「百果香」一句，丘氏自注說「賣果者千筐萬簍畢集於橋」。

由此看來橋市有向專業化市場發展的趨勢。當時，不但橋面上熙熙攘攘，油欄畫檻，橋下江湄，還有成列的花艇，當時稱為「六篷船」。

六篷船是清代中葉以後，潮州韓江有載妓花艇，被一些文人稱為「平康盛事」，潮州俗語遺留「花娘花艇」一語。艇身昂首巨腹而縮尾，前後五艙。首艙停時設門擺幾，行時並篷施楫。中艙為款客之所，兩旁垂湘簾，敞若軒庭。榻左右立高幾，懸名人書畫，焚香插花，儼然有名士風味。

丘逢甲對湘子橋橋市也有生動描述，民間則流傳著：「踏上湘橋不知橋，疑是身在鬧市中」的民謠傳說。

然而有關潮州湘橋的最早照片攝於公元一八六八年，這張照片是最早的一張，已經有一百多年了。照片是英國人約翰·湯姆生所拍，他尤為擅長於拍攝建築物。公元一八六八年的一天，湯姆生隨著外國教士、官員首次來到潮汕地區。由於職業的本能和行家的眼光，使得湯姆生對湘子橋深感興趣。

廣濟橋邊的廣濟樓

湯姆生先生後來寫道：

拍攝韓江橋的工作是艱辛的。拍攝時，為了避開喧鬧的不友好的人群，我一清早就開始工作。但人們還是騷動起來。當他們看到我拿著槍炮般的攝影傢伙對準他們那高懸橋外搖搖晃晃的住處時，他們認定我是在耍外國巫術，加害於古橋及上面的居民。

於是人們便丟下店鋪攤檔不管，由一個「勇敢分子」糾集一批擅長於投擲的無賴，與其他市民一起，齊心協力，準備好泥巴瓦片等投擲物開始向我發起攻擊。

沒過多久，這些東西便雨點般落在我的身旁和頭上。我躍入水中，狼狽不堪地向停靠附近的篷船撤退，登船躲避。當人群中一個「無賴漢子」不顧一切繼續進逼，欲毀我攝影機時，我不得已操起尖利的三腳架當做武器把他擊退。

對於我來說，損失並不大。說真的，古橋的照片還是在三腳架上拍攝到的。

潮州韓江橋也許是中國的一條最值得提的橋梁。它和倫敦老橋一樣，它們都為城市提供了一個可供居民做生意的地方。

原來湯姆生的著眼點在「橋市」。湘子橋歷史悠久規模宏大的橋市確實堪稱中國第一，也是世界所罕見的。

廣濟橋橋面

有的船布置清雅，蛋家姑娘才貌出眾，竟可與珠江花艇媲美。真是「春水三篙湘子渡，紅欄一曲女兒花。」這是《韓江記》裡的一段話，而且也是當年橋市生活繁華的一個側面寫照。

廣濟橋的亭子及浮橋

湯姆生先生將廣濟橋與倫敦橋相提並論自有他的見地和道理的。除了橋上做生意這一點相似外，倫敦橋也是舉世聞名的古橋。

廣濟橋橋上有形式各異的亭台樓閣，這也是該橋的一大奇觀，因兼作經商店鋪，故有「廿四樓台廿四樣」、「一里長橋一里市」之美稱。潮州的廣濟橋與趙州橋、洛陽橋、盧溝橋並稱中國著名古橋。古人有「到潮不到橋，枉向潮州走一遭」之說。

【閱讀連結】

德化廣濟橋坐落於福建省戴雲山麓的德化的一個村落裡，它始建於公元一五二二年，後經過公元一六五七年因為水災沖毀而重建。

廣濟橋上的廊屋內部裝有藻井。廣濟廊橋上的藻井雕刻有虎、豹、獅、象、魚蝦水族、花卉鳥鳴。這一僅有一公尺見方「藻井」共有五層斗栱，每層斗栱下大上小層層收斂成外六角形內圓形狀，每層斗栱的斗隨層逐層變小，每層三十三斗，共計一百六十五斗，斗栱排列有序、結構嚴謹、線條流暢。

廣濟廊橋的藻井，裝飾成了德化廊橋中的「一絕」。它寓意著鞭策後人秉承先賢、歷經磨煉、方有作為。

京西鎖鑰盧溝橋

盧溝橋始建於公元一一八九年，坐落在北京西南約十五公里處永定河上。大橋全長兩百六十六點五公尺，寬七點五公尺，下分十一個涵孔。橋身兩側石雕護欄各有望柱一百四十根，柱頭上均雕有臥伏的大小石獅共五百零一個，神態各異，栩栩如生。

盧溝橋兩旁有兩百八十一根漢白玉欄杆，每根柱頭上都有雕工精巧、神態各異的石獅，或靜臥，或張牙舞爪，更有許多小獅子，千姿百態，數之不盡。民間有句歇後語說：「盧溝橋的石獅子——數不清」。

世界著名旅行家馬可·波羅在他的遊記中稱讚盧溝橋是世界上最好的、獨一無二的橋。

神仙老漢幫建盧溝橋

傳說很久以前，永定河上沒有橋，來往的行人都要坐船過河。在河畔的沿岸住著一個姓盧的青年，整年靠擺渡為生。

因為他出生時正好趕上永定河發大水，結果把他家門前衝出了一道溝，所以父母就給他起了個名字叫「盧溝」。

北京名勝盧溝橋

盧溝長大後長年在河上擺渡，經常見到河中惡龍鬧水，惡龍一鬧起來，行人就無法過河。盧溝後來就思索著要想出一個好法子來，既能治住惡龍，又能方便過往的行人。

北京盧溝橋橋面

有一年夏天，又趕上惡龍鬧水，盧溝只得收了渡船，在家歇息。這時，來了個老漢要過河，說是有急事，求盧溝無論如何要送他一趟。盧溝無奈，只得硬著頭皮撐船下河。

說來也怪，盧溝的小船所到之處，風平浪靜，沒有一絲浪花，盧溝正在納悶，就聽得老漢說：「這河面上要是有座橋，惡龍就不敢這麼胡鬧了。」

剛說完，老漢就不見了。盧溝愣了一下，接著一個勁兒地揉著眼睛，他心想，是碰見神仙了吧！盧溝聽了老漢的話，打這兒以後，一心想著在渡口修座橋。

於是，盧溝每天擺渡完後就到西山去伐樹，湊在一堆，就紮成一排順河放到家門口。就這樣，盧溝用了整整一年工夫，終於在河上架起了一座大木橋。

木橋架好後，鄉親們都挺高興，可惡龍生氣了。惡龍來到橋下，用自己的身子纏住橋樁用力拉拽，然後再一撞，木橋就被拱倒了。大木頭順水而下，一會兒就沒了影。

盧溝看到木橋被毀，非常生氣，他決定索性不擺渡了，開始在岸邊燒起磚來。他用了三年工夫，又在永定河上修起了一座磚橋。盧溝心想，這下子可不怕惡龍再來拆橋了。

誰知道惡龍又來了，它在橋墩下又撞又晃，橋沒倒。惡龍又弓著背往上拱，磚橋吃不住勁了，「轟」地一下倒下了。盧溝這回傷心極了，只覺得眼前一黑，他昏了過去。

當盧溝醒來時，他看見那個他曾經送過的神仙老漢正站在他面前。見盧溝睜開眼了，老漢就對他說：「好孩子，有志氣，讓我來幫你建一座大石橋吧！」

說完，老漢就領著盧溝來到西山，指著那些大石頭說：「你把這些石頭鑿出八百一十塊大方石，一百四十根石柱子吧！」

盧溝拿起老漢給他的大錘和鑿子，二話沒說就幹了起來。老漢指點了幾天，見盧溝的手藝練得差不多了，就告訴盧溝鑿完後到雲水洞去找他，說完就走了。

盧溝沒日沒夜地幹了起來，頭碰破了、手震裂了也不停錘，整整幹了三年，才準備齊石料。

盧溝又到雲水洞去找老漢，老漢告訴他，讓他再把洞外的十個山峰削下來，鑿成十把石劍。

這活可就更難了，盧溝用了足有一百天，才鑿出十把兩面尖尖的大石劍。

當石劍鑿好後，老漢這次又告訴盧溝，再鑿出四百九十隻大小不一的石獅子和四頭大象來。

盧溝橋風景

盧溝還是沒說二話，幹了起來。這次用的時間更長，用了五年時間才把石獅子、石大象鑿完。

老漢這次沒等盧溝找，他就自己來了。看著盧溝鑿出的石料，他滿意地笑了，對盧溝說：「好孩子，太辛苦你了，要不是我這些年拖累你，你早該成家立業和兒女滿堂了。不過你幹的是件大事，後代兒孫知道了，也會感激你的。你去吧！現在可以建橋了，我太老了，就叫石獅子和石大象去幫助你吧！」

說著，老漢挨個兒拍了拍石獅子和石大象，那些石獅和石大象突然活了，它們幫助盧溝把石料全部運到了永定河邊。盧溝喜出望外，連夜指揮石獅和石大象建橋，一夜之間，大石橋就建成了。

盧溝激動得流下了眼淚，當地的百姓們也敲鑼打鼓趕來慶賀。那惡龍可氣壞了，怒氣衝衝地趕到石橋下，使勁用身子纏住橋墩又搖又掀。

惡龍沒有想到，這次的橋墩是用石劍做的，一下子刺得它鮮血淋漓，疼得上躥下跳的，這一下可麻煩了，平坦的橋面被拱彎了。

那四百九十隻石獅一看大事不妙，就連忙跳上了橋欄杆，壓住了橋身。有的跳得慢點，沒地方了，只好幾隻擠在一起。

惡龍的身子被壓了下來，可是心裡還不服氣，它就把身子猛地伸直了往兩邊撐，就想把石橋頭擠掉在水裡。石大象一看急了，馬上撲上去頂住了橋頭。惡龍又氣又累，吐了幾口黑血，便死去了。

從此以後，這座大石橋就成了拱橋，橋欄上站滿了石獅，橋頭還有石大象頂住，非常的堅固。當時皇帝看了非常高興，就賜名叫「廣利橋」。

可是，人們為了紀念盧溝，都叫它「盧溝橋」，並一直流傳著。而那位神仙老漢呢？人們都說他就是魯班爺。

【閱讀連結】

據說從前永定河只有一個渡口，有個姓盧的山西人在渡口附近經商，生意非常興隆。

有一年秋天，他帶著錢財，搭乘田氏的擺渡船準備回老家探親。誰料田氏見盧錢財不少，頓起歹心，將盧氏翻入永定河中淹死了，將銀元據為了己有，也經起了商來。

第二年，田氏生了個兒子，在兒子十歲時，每天要打田氏三個嘴巴，不讓打就哭鬧不止，田氏十分懊惱，求教於老和尚。

老和尚對田氏說，你這兒子是被你害死的盧氏轉世而來的，與你算帳來了。

田氏一聽，求老和尚開恩救命。老和尚說：「救你不難，只要你把劫走的錢財都拿出來修座橋就可以了。」

田氏連忙請了不少工匠在渡口修起了一座橋。田氏又向老和尚討教橋名，老和尚微笑著說：「你這是還盧氏的帳，我看就叫盧溝橋吧！」

金朝兩代帝王令建橋

永定河原名叫「盧溝河」，因為水渾濁烏黑，流速湍急，有詩人形容它「其急如箭」。在古代，由於人們以黑為盧，所以盧溝河又叫「黑水河」。

盧溝橋頭的華表

盧溝橋水景

盧溝河的河水發於太原的天池，經過朔州、雷山後，合併為桑乾河，再匯合成雁門、雲中諸水，過懷來，流經石景山地段，土質疏鬆，攜起大量泥沙。

盧溝河再經大興、東安、武清流入白河，之後也多次改道。北宋文學家蘇軾曾在一首詩中說道：

……

蓋桑乾下流為盧溝，

以其濁故呼渾河，

以其黑故呼盧溝。

那時候，盧溝河水經常泛濫，據史料記載，在公元一一八五年五月，盧溝河的上陽村決口。皇帝隨即下令，派遣金中都一百五十公里以內的民夫全去堵塞，可惜後來河水又再次決口。

盧溝橋的橋墩

永定河是北京的母親河，它孕育了北京城，京城內的水系也得益於它，同時對它的泛濫十分敬畏，歷朝歷代都想盡了辦法治理它。

公元六一一年，隋煬帝就派遣了諸將領，在薊城南桑乾河上，建築了社稷兩壇。公元一一六一年至一一八九年建造了盧溝河神廟。公元一四三六年至一四四九年，在堤上建起了龍神廟。

公元一六九八年，聖祖仁皇帝動用國庫資金重建龍神廟，敕封永定河神。河神廟內後殿恭懸皇上御書匾額：永佑安瀾。廟匾額為：南惠濟者。大殿上恭懸著聖祖御書匾額日：安流潤物。對聯為：

鞏固籍昭靈，惠同解阜；

馨香憑報祀，濟普安恬。

盧溝河在此處也是商旅使者進京往來的重要渡口。公元一一八八年五月，皇帝下令建石橋。但是，橋還沒有建成，金世宗便駕崩離世了。

金世宗（公元一一二三年至一一八九年）即完顏雍，原名完顏褎，是金代第五位皇帝。他勵精圖治，革除海陵王統治時期的弊政。金世宗十分樸素，不穿絲織龍袍，使金國國庫充盈，農民過上富裕的日子，天下小康，實現了「大定盛世」的繁榮鼎盛，金世宗也被稱為「小堯舜」。

公元一一九〇年六月，金章宗見行旅中多有體弱多病者，水流又急，隨即下命建造舟船，解決人們的交通問題。又施令建造石橋，於是在盧溝河上開始破土動工修建大橋。

公元一一九二年三月，大橋建成並投入使用。因為大橋處在盧溝河上，人們又叫它「盧溝橋」。

盧溝橋全長兩百六十六點五公尺，寬七點五公尺，下分十一個涵孔，中間大，兩邊小。橋身兩側石雕護欄各有望柱一百四十根。每根望柱上有雕刻的數目不同的石獅。

特別是在欄杆望柱上雕刻的獅子，往往在大獅子的身上又雕了許多小獅子，大的十餘公分，小的僅幾公分。它們三三兩兩，有的趴在大獅身上，有的伏在背上或頭上，有的在大獅身上似在奔跑，有的則在大獅懷裡嬉戲，有的只露出了半個腦袋或一張嘴，有的在戲弄大獅的絨頭和鈴鐺等。

盧溝橋的石獅子

由於石獅子的數目眾多，在觀賞或計數時，稍不留神便會漏掉。明代文人蔣一葵在其《長安客話》一書中，曾這樣描述其情景：

左右石欄刻為獅形，凡一百狀，數之輒隱其一。

盧溝橋識欄刻

明代末期，居京文人劉侗、於奕正在其所著的《帝京景物略》寫道：

石欄列柱頭，獅母乳，顧抱負贅，態色相得，數之輒不盡。

其實，大部分石獅是後來明清兩代的原物，金代的很少，元代的也不多。後來對石獅統計過多次，各有不同。據最後一次統計的結果，共有大小石獅五百零一隻。正因為如此，人們面對嘆為觀止的大橋上的石獅留下了一句歇後語：「盧溝橋上的石獅子——數不清。」

有一種動物，能變化出五百多種神態各異的形象，每隻栩栩如生，如此傑作必出自大師之手。盧溝橋不僅造型美觀，科學技術含量也很高。十座橋墩建在九公尺多厚的鵝卵石與黃沙的堆積層上，堅實無比。

橋墩平面呈船形，迎水的一面砌成分水尖。每個尖端安裝著一根邊長約二十六公分的銳角朝外的三角鐵柱，抵禦洪水和冰塊對橋身的撞擊，以保護橋墩。人們把三角鐵柱稱為「斬龍劍」。

橋墩、拱券等關鍵部位，以及石與石之間，都用銀錠鎖連接，以互相拉聯固牢。這些建築結構都閃爍著中國先民的智慧與創造。

古代的石橋，一般來說，橋面都要起拱，唯獨盧溝橋，平坦筆直臥於河上。世界著名旅行家馬可·波羅在遊記中稱讚：「它是世界上最好的、獨一無二的橋。」

【閱讀連結】

在明代，宛平城有一位官員對「盧溝橋的獅子數不清」的說法很不以為然。一次，他親自坐鎮橋頭派了許多士兵去清點盧溝橋上的石獅。不料，兩列士兵數了一遍又一遍，前後的數字卻總是對不上。

這位官員很是惱怒，認為是「士兵無能」，他決定親自弄個明白。待到夜深人靜之時，他獨自一人再次來到盧溝橋上。此時，天色朦朧尚未大亮，但是橋兩邊的獅子蹦跳往返，翻滾嬉戲，好不熱鬧。

此情此景，讓這位官員看得目瞪口呆。突然間他好像悟出了一個「數不清」的緣由：「啊！這盧溝橋上的獅子原來是活的啊！」

康熙皇帝重建盧溝橋

盧溝橋建成後，成為了京城的西南大門。

公元一六三八年，在橋東建造了五百多公尺長的小城。當時正是明代的戰亂時期，建此城用以屯兵守衛京城。

盧溝橋景觀

那時，因為盧溝橋剛修好不久，有人建議，這裡是車馬商旅的交通要道，應該在河兩岸建造房屋，讓人居住和看守。

盧溝橋橋面

崇禎皇帝說：「何必這樣？地方衙門可以自己建造嘛！」

左丞相守貞說：「那樣恐怕被豪強占有，況且商人多停留在河東岸，如果朝廷建，兩岸可以對稱，也便於觀察治理。」

崇禎皇帝聽了左丞相守貞的建議，便開始修建此城。崇禎皇帝隨即特命專人來負責建造此城，說要把此城建成拱衛京都的橋頭堡。

小城建好以後，當時取名為「拱北城」。因為拱北城是作為軍事設施來建造的，因此它不同於一般縣城，人們一般稱其為或「衛城」。

拱北城原是明代順天府下轄的京城附郭縣之一，後來改稱為「拱極城」，當時的拱極城也一直作為軍營屯兵之所。拱極城內，路東有觀音庵，路西有興隆寺。

拱極城城外因為有盧溝橋，這裡商旅興盛，人員密集，過往盧溝橋的人與車馬從此絡繹不絕，這就大大增加了盧溝橋的負荷。長此以往，盧溝橋就破損了。

至清代時，金代所建的盧溝橋簡直不能使用了，康熙皇帝就下令重新在盧溝河上建造了一座橋。

他勵精圖治，親自冒著寒風用儀器測量河床，又親自指揮和監督施工，修築河堤，定方向，釘木樁，施丈量，用石堤，固水涮沙，用莽牛河水沖刷渾河泥沙。他還讓河兵堤岸兩邊大植柳樹，保持水土。

排樁防水，按比例繪圖，修成水壩、石閘，加固堤防。在組織上設立河兵建制，平時維護，在康熙皇帝精心治理永定河的情況下，從公元一六九八年後三十年裡未有大的水患。

康熙重修盧溝橋碑

康熙帝帶領大家挑挖新河，防淤塞，還採取了與民有利的措施，施行雇募民工的辦法，改強制無償勞役為雇募，對民工有一定的報酬。

康熙還從國庫直撥經費治河，並由直郡王允統領八旗屬下步軍千人治河修橋。

在康熙的努力下，永定河泥沙減少，河道通暢，這既減少了大水對盧溝橋的衝擊，也減少了泥沙對橋墩的侵蝕，這一行動大大保證了新修盧溝橋的安全。

盧溝橋上的石獅子

從公元一六九二年至一七二二年的三十年間，康熙皇帝直接參與了對永定河的治理，並於公元一六九八年賜名「永定河」，而後一直沿用。

在康熙之後，也有人為盧溝橋的修繕工作費心不已。有個著名的廉潔小吏，名叫徐淡，他雖然不是很出名，但因為其廉潔捐銀修橋的行為，也被記錄在盧溝橋的修建歷史上。

徐淡年少時，經常看到人民飽受苦難，早早就下定決心發奮讀書，立志長大做個愛民、為民做實事的好官。但是科舉仕途他沒有走通，但最終還是因為他具有真才實學和優良品性，在清代嘉慶年間被推薦出任了大名府通判一職。

徐淡到任不久，曾有人將一萬兩千兩銀子送到他面前。他這個新官上任的「鄉巴佬」頭一次見到這麼多銀子，一時驚得目瞪口呆。徐淡把銀子拿在手中掂了一掂，這麼多銀兩要搜刮多少地皮呢？他決定把銀子退回去。

徐淡的這一舉動引來了街談巷議，並很快傳入了京城。吏部知道了這件事，嘉慶皇帝下詔書褒揚徐淡，號令各地官員學習徐淡為官清廉和憂國憂民的優良品德。

徐淡為官二十年不光為官廉潔，而且還捐出了自己的很多銀子，都用在修建盧溝橋上了，盧溝橋上的獅子，有很大一部分是徐淡捐資修建的。

因此，當地有人說：「盧溝橋上數百個石獅子可以作證，徐淡稱得上是個清正廉明的好官。」

【閱讀連結】

在很久以前，從山東來了個棗販子，他經過盧溝橋時，看見橋上那麼多的石獅子。他想數一數有多少隻，然後就開始從西數至東，又從東數至西，可是怎麼也數不清。

同行的夥計告訴他，盧溝橋的獅子數不清是由來已久的，勸他別再費力氣了。

可這棗販子生性倔犟，越勸越來勁兒，偏要賭這口氣不行。他還真有主意，從棗筐裡數出一大堆棗來，然後開始數獅子，見一個石獅子就往獅子嘴裡塞一個棗。

可是數來數去，總是看到有的獅子嘴裡沒有棗。他就又數出一堆棗來，繼續數獅子，可數了一天，棗販子的棗筐見底兒了，石獅子也沒數清，最後只得死了心，垂頭喪氣地離開了盧溝橋。

乾隆皇帝與盧溝曉月

從前，盧溝橋這地方十分荒涼，桑乾河一片渾濁，號稱「小黃河」，時常泛濫。可是自從有了盧溝橋，河水變清了，人們說這橋有靈氣，就把它說成了「神橋」。

永濟河上的盧溝橋

但當地人說，盧溝橋的神奇還不在這裡，在於這裡的月亮比別的地方出得都早。

別處農曆初一、初二就看不見月牙，但盧溝橋農曆每月三十那天晚上就能看見月亮了。

在大年三十兒夜裡，這裡的月亮更是非常神奇，一到五更，東南方向就襯出一彎明月，並漸漸上升，那彎明月照得橋身通亮，連橋上的石獅子都能看得一清二楚。

但是，相傳這種情景只有兩種人可以看見，一種是十五歲以下的童男童女；另一種是「大命之人」。

後來，民間的傳說被乾隆聽到，他就決定親自去察看一番。

乾隆皇帝自年輕時就是個好遊山玩水的人，他幾次下江南時都要從這橋上路過，可是就沒有看見過這種奇景。

盧溝橋石雕

乾隆皇帝重修盧溝橋碑

但自從聽說這這盧溝橋上空的月亮有這麼神，又覺得自己是大命之人，就打算專程前去瞧瞧。

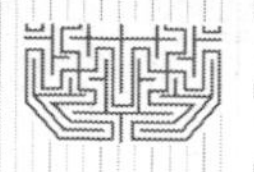

這一天，正好是大年三十的晚上，乾隆認為這可是到盧溝橋看月亮的好時候。於是，他就叫人預備八抬大轎，說是要上盧溝橋。

這時宮裡正忙著過年，一聽皇上要上盧溝橋，大家都愣住了。

按照老規矩，這天無論是誰也不能離開皇宮。皇上怎麼突然提出來要上盧溝橋呢？可是皇上下了命令，誰敢說個不字呢？

大家只得照辦。於是，朝中的護衛等人就用八抬大轎把乾隆抬到了盧溝橋。

盧溝橋當時歸屬於宛平縣管轄，而此時的宛平縣縣令正在忙著過年，一聽說皇上駕到，嚇了一身冷汗，趕緊點了燈籠、火把，進行列隊迎接。

天剛擦黑，京城的鞭炮聲就響成一片了，處處呈現出一派歡樂祥和的景象。乾隆皇帝帶領一千人馬，出紫禁城西行，再往南到宛平城的盧溝橋。

乾隆下了轎二話沒說直奔盧溝橋，人們也都跟隨著上去了。等到了橋頭，乾隆皇帝使勁朝東南方向張望，可看了半天，只見滿天的繁星點點，卻不見半點月亮的影子，更別說把盧溝橋照得通亮了。

乾隆此時感覺非常地掃興，詢問左右：「我怎麼看不見月亮呢？」

左右也不知緣由，只好上前瞎說一氣。有的說，燈籠、火把多，所以才看不清楚。

乾隆一聽，覺得這話有理，立即下令把所有的燈籠、火把吹熄。頓時，盧溝橋變得一片漆黑，只有一片寒星照著盧溝的河水。

盧溝橋美景

乾隆又使勁望瞭望，還沒瞧見。他心裡急起來，叫來宛平縣令，大聲斥責道：「你這個官是怎麼當的？這盧溝橋不是三十兒晚上出月亮嗎？」

盧溝曉月記事碑

縣令連忙說：「是，是！」

「那為什麼看不見？」

「小的也只是聽別人說，這月亮只有大命之人才能看得見。」

乾隆心想，我是一朝天子，難道還不是「大命之人」嗎？怎麼我看不見呢？

可轉念又一想，我大年三十兒跑到這兒來看月亮，如果說看不見，傳出去豈不被天下人恥笑？

想到這裡，他對隨從們說：「你們都退下，讓我仔細看看。」

隨從退下後，乾隆一個人站在橋上使勁看起來。

看著看著，就覺得眼前一亮，一彎明月掛在東南的天際，整個橋身也立刻變得通亮了。

乾隆急忙叫隨從近身來看，大家順著乾隆手指的方向，看得眼睛都酸了，也沒有看見月亮。有的隨從便說：「我們是凡夫俗子，沒有這個眼福啊！」其他人也跟著附和著。

乾隆聽了特別高興，覺得自己的確是大命之人。隨後，他吩咐說：「給我預備筆硯，我要賦詩。」

宛平縣令急忙令人抬出雕漆書案，呈上文房四寶，燈籠火把立刻點亮。

藍天下的盧溝橋

乾隆坐在那裡沉思，一會兒吟誦道：

河橋殘月曉蒼蒼，照見盧溝野水黃。

樹人平郊分淡靄，天空斷岸隱微光。

盧溝橋橋面

乾隆一會吟道：

河聲流月寥落曙光寒，

……

乾隆想從中找點比較好的句子，可是吟來吟去，都不滿意。

這時，有一個臣子說：「陛下，臣知道明代文學家徐渭有一首《竹枝詞》，不知可用否？」

乾隆說：「講來。」

這位臣子放聲吟道：

沙渾石澀夾山椒，苦束桑乾和一刀。

流山盧溝成大鏡，石橋獅影浸拳毛。

乾隆沒聽完就搖了搖頭。他覺得徐渭這首詩寫得太淒涼了，應該寫出這盧溝幽美的月色。

另有一個翰林看出了乾隆的心思，上前說：「臣有幾句不知如何？」

乾隆說：「講。」

翰林吟道：

霜落桑乾水未枯，曉空雲盡月輪孤。

一林燈影稀還見，十里川光澹欲無。

乾隆一聽，連說：「好！好！」他當即想了一下，隨後提起筆來，揮毫寫下了四個大字：「盧溝曉月」。

眾人一看，齊聲喝彩，宛平縣令急忙吩咐刻碑。就這樣，一通「盧溝曉月」的石碑就立在盧溝橋頭了。後來，「盧溝曉月」也就成了盧溝橋的美稱而出了名。

盧溝橋的抱柱石

「盧溝曉月」碑刻

好一個盧溝曉月！它勾勒出這樣一種意境：橋下流水潺潺，橋上行人流連，近處楊柳拂堤，遠處山巒連綿，一輪明月在淡淡的晨霧中時隱時現……

抑或是另一種意境：羈旅、過客、曉風、殘月，淡淡的離愁別緒，剪不斷，理還亂，不需濃墨重彩就賺足了才子佳人的眼淚。

據說過了幾年後，乾隆皇帝又來到盧溝橋賞月，當時是夏天，吏部天官劉鏞陪同乾隆爺到南苑海子牆裡打獵。

回來時，乾隆說：「朕好長時間沒去盧溝橋了，趁著天還早，咱們繞遠點走一趟吧！」

於是，乾隆皇帝和劉鏞及護衛隨從等一幫人騎著馬，帶著獵物，順著東河堤來到盧溝橋的龍王廟行宮。

吃過晚飯，天氣特別悶熱，乾隆漫步來到盧溝橋的東橋頭乘涼。

他說：「朕前幾年路過這裡，當時正值初月，仰望藍天，疏星淡月，遠眺河水如帶，西山時隱時現；俯橋眺水，月亮光照在水面，像鏡子一樣明亮，真好似身臨仙境。朕觸景生情，寫了『盧溝曉月』詩。等一會兒月亮出來，朕要再寫一首夏季美景、咱們君臣乘涼的詩！」

說完，乾隆便觸景生情作了一首詩：

茅店寒雞咿唔鳴，曙光斜漢欲參橫。

半鉤留照三秋淡，一練分波平鏡明。

入定衲僧心共印，懷程客子影尤驚。

邇來每踏溝西道，觸景那忘黯爾情？

隨從的大臣紛紛叫好。前來接駕的宛平縣令趕緊接著說：「凡是從這兒經過的文人墨客，看到萬歲爺的詩，一定都會讚嘆寫得景美情深，真是詩中極品啊！」

【閱讀連結】

金章宗完顏璟走遍了京城的好山好水，他開發了京城的許多景觀。比如熟知的燕京八景：居庸疊翠、玉泉垂虹、太液秋風、瓊島春陰、薊門煙雨、西山積雪、盧溝曉月、金台夕照。

北京史志文獻資料集《日下舊聞考》記載：「自金明昌中始有燕山八景之目，元明以來，著詠頗多。」

北平舊志也記載「金明昌遺事有燕京八景，元人或作為古風，或演為小曲。」可見燕京八景對後世的深遠影響啊！

盧溝橋地域人文風情

盧溝橋歷經數百載仍矗立在永定河畔，這簡直是個奇蹟，歷史上有許多謳歌盧溝橋的詩，為盧溝橋留下了不朽的人文風情。

歷史悠久的盧溝橋

金代禮部尚書翰林學士趙秉文的一首《盧溝詩》這樣寫道：

河分橋柱如瓜蔓，路人都門似犬牙，

落日盧溝橋上柳，送人幾度出京華。

單以曉月形容盧溝橋之美，據說是另有原因：每當舊曆的月盡天曉之時，下弦的鉤月在別處還看不分明，如有人到此橋上，就會率先看見月亮的清輝。

「一日之計在於晨」，何況是行人的早出發。朝氣清新，烘托著勾人思感的月亮，以及上浮青天，下嵌白石的巨橋。京城的雉堞若隱若現，西山的雲翳似近似遠，大野無邊，黃流激奔。

這樣的情景，這樣的色彩，這樣的地點與建築，不管是料峭的春晨，還是淒冷的秋曉，景物雖然隨時有變。

但若無雨雪的降臨，每月末五更頭的月亮、白石橋、大野、黃流，總可湊成一幅佳畫，飄浮於旅行者的心靈深處，生發出無盡的美感。

盧溝橋雪景

十三世紀時，世界著名旅行家馬可·波羅跟隨父親和叔叔途經中東，歷時四年來到中國。據說此次來中國，馬可·波羅曾經到訪過盧溝橋，並寫下了對盧溝橋的讚美之詞。

盧溝橋橋面

據說當時馬可·波羅來到中國後，元世祖忽必烈十分欣賞這個勇敢的年輕人。那一年的春天，百花齊放，陽光明媚。

有一天，忽必烈召見馬可·波羅，十分認真地說：「馬可·波羅，我想派你到雲南去，一路看看地方風光，瞭解民情風俗，有什麼奇聞或風吹草動，就立即向我報告。」

馬可·波羅接旨以後，準備好行裝，第二天一早，他就出發了。

走出大都城，經過永定河上的一座石橋。在橋頭，這位探險家矗立良久。

他讚嘆道：「啊，多美的石橋！它簡直是世界上最好的石橋。那麼寬，可以容下十個人騎馬並肩前行。它是那麼長，足有三百多公尺！二十四個橋拱，二十五座橋墩。造橋的技術真是無與倫比！」

馬可·波羅所說的石橋，便是盧溝橋。這座石橋能夠贏得這位探險家的讚嘆，說明建造石橋的工藝在當時已經十分先進。

元代詩人陳孚在《盧溝曉月》中寫道：

長橋彎彎抵海鯨，河水不濺永崢嶸；

遠雞數聲燈火杳，殘蟾猶映長庚月。

道上征車鐸聲急，霜花如錢馬鬃濕；

忽驚沙際影搖金，白鷗飛下黃蘆立。

盧溝橋的獅子

元代有一幅《盧溝伐木圖》，把當時盧溝河畔茶肆酒館、客商旅店的繁華以及策馬驅車、步行擔擔、風塵僕僕的景象描繪得淋漓盡致。

盧溝曉月石碑

在盧溝河畔留宿的客人一覺醒來，發現雞已經叫了三遍，洗漱後又踏上了新征程。

首先看到的是曉月當空，東方露出魚肚白色，天空殘月倒掛，大地似銀，盧溝橋上月如霜，此時才真正體會到了「盧溝曉月」的美妙。

明代張元芳的《盧溝曉月》詩也很有代表性：

禁城曙色望漫漫，霜落疏林刻漏殘；

天沒長河宮樹曉，月明芒草戍樓寒。

參差闕角雙龍迫，迤邐盧溝匹馬看，

萬戶雞鳴茅舍冷，遙瞻北極在雲端。

盧溝橋修建以後極大地方便了人們的出行，特別是在元朝定都北京後，盧溝橋的作用更加明顯了。

盧溝橋已經成為當時北京的人們通往西南的必經之道。因此，很多當時在北京生活過的人，也都曾經過了盧溝橋。

元代詩人張野填了一首《滿江紅·盧溝橋》的詞：

半世乾忙，漫走遍，燕南代北。

凡幾度，馬蹄平踏，臥虹千尺。

眼底關河仍似舊，

鬢邊歲月還非昔。

並欄杆，唯有石狻猊，曾相識。

橋下水，東流急。

橋墩上客，紛如織。

把英雄老盡，有誰知得？

金斗未懸蘇季印，

綠苔空漬相如筆。

又平明，沖雨入京門，情何極。

盧溝橋的石雕

楊榮（公元一三七一年至一四四〇年）是明代首輔，其性警敏通達，善於察言觀色。他既以武略見重，又有文才，據《明史·藝文志》記載，其著作有《訓子編》一卷、《北征記》一卷、《兩京類稿》三十卷、《玉堂遺稿》十二卷。

明代的楊榮不僅是一代政治家，還是一個有名的詩人。有人評價道：「楊榮的詩文雍容平易，很像他的為人。」他曾經多次到訪過盧溝橋，並寫下了《盧溝橋北上》，詩曰：

河聲流月漏聲殘，咫尺西山霧裡看。

遠樹依稀雲影澹，疏星寥落曙光寒。

石橋馬跡霜初滑，茅屋雞鳴夜可闌。

北上以著雙闕近，五雲深處是金鑾。

盧溝橋石雕

明代的顧起元，是應天府江寧人，字太初。公元一六〇〇年戊戌科考中探花，官至吏部左侍郎。這位探花出身的吏部侍郎，並不貪戀虛華。對於學問文章，他所持態度也是一絲不苟，他先博覽群書，而後提筆作文。

顧起元（公元一五六五年至一六二八年）是明代官員、金石家、書法家。退後，築遁園，閉門潛心著述。朝廷曾七次詔命為相，均婉辭之，卒謚文莊。著有《金陵古金石考》、《客座贅語》、《說略》等。

顧起元曾經多次遊覽過盧溝橋，並寫下了《盧溝橋》，詩寫道：

西山籠霧曉蒼蒼，一線桑乾萬里長。

最是征夫望鄉處，盧溝橋上月如霜。

詩人在前兩句交代了盧溝橋所處的地理方位，同時，還用了兩句詩給盧溝橋定下了蒼涼的基調。詩的最後一句用盧溝橋上的月光含蓄地表達了月光下征夫的望鄉之情。

清代的乾隆帝曾到過盧溝橋，並寫有《過盧溝橋》一詩：

薄霧輕霜湊凜秋，行旌復此渡盧溝。

感深風木睽逾歲，望切鼎湖巍易州。

曉月蒼涼誰逸句，渾流縈帶自滄州。

西成景像今年好，又見芃芃滿綠疇。

盧溝曉月，不知傾倒了多少文人墨客和英雄豪傑。歷來的名勝古蹟都離不開名人，作為古代都城北京南部出城的交通要道，盧溝橋也自然吸引了許多名人的到訪。

到訪過盧溝橋或者與盧溝橋有關的名人很多，這些名人或修繕過盧溝橋，或給盧溝橋寫詩著文，他們的行為大大豐富了盧溝橋的文化內涵。

盧溝橋石獅

清代改良領袖康有為，也曾到訪過盧溝橋。他在一首名為《過盧溝橋望西山》的詩中寫道：

盧溝橋石刻飾品

連山疊翠啟皇州，萬里雲嵐去素秋。

地落平原開德棣，天分中外作並幽。

渾河浩蕩連沙轉，香界岩深接漢浮。

蕭槭西風催落日，羸驢馱我過盧溝。

和康有為同一時期並支持戊戌變法的另一位進步人士譚嗣同，也曾到訪過盧溝橋，他在一首名為《盧溝橋》的詩中寫道：

河流固無定，人亦困征鞍。

殘月照千古，客心終不寒。

山形依督亢，天影接桑乾。

為有皋魚恨，重來淚欲彈。

盧溝橋記事碑

盧溝橋自古以來，吸引了大量的文人墨客為其揮毫潑墨。盧溝橋的確是一座名聞中外的古代橋梁，除了它建築工程的巨大和工藝技巧的高超，都是歷史所罕見之外，它也為社會留下了許多美麗的傳說和人文氣息。

【閱讀連結】

傳說永定河裡有個銅幫鐵底，是由龍王三公主為父王排憂解難而造的。三公主發動宮女編織銅網、鐵網，並用織成的銅網把兩岸的河堤保護起來，把織成的鐵網鋪在河底以防大水沖刷，這就是後來人們傳說的銅幫鐵底。

龍宮厚道孝順的四太子、五太子，連連說自己也要為父王分憂。於是，每到汛期，他兄弟倆自動趴在橋孔處吸水保橋。因此，後來橋孔一直有兩個龍頭在吸水呢！

從此，永定河兩岸再沒有大的水患了！

西南最長橋祝聖橋

祝聖橋原名「溪橋」，後因為康熙大帝祝壽，改為「祝聖橋」。祝聖橋始建於公元一三八八年，據說當時因為陽河爆發山洪，該橋數次被沖毀。直至公元一七二三年才修建完成。

祝聖橋全橋長一百三十五公尺，寬八點五公尺，高十四公尺，此橋是全青石建造而成。

祝聖橋位於貴州省鎮遠縣舞陽河附近，鎮遠是西南大都會，是明清代官府進軍東南亞必經之路，也曾是商業物資集散地。

祝聖橋不僅在貴州，甚至在西南地區都是較長的一座橋，被譽為「西南最長橋」。

祝聖橋的魁星閣傳說

鎮遠祝聖橋

朱元璋當上了明朝開國皇帝以後，為了安撫手握重兵的武將們，不得不改年號為「洪武」。朱元璋內心深知，要想建設、治理好國家，還得藉助確有本事的文臣。於是，朱元璋便將軍師劉伯溫封為丞相，命令他遠行去雲貴，作為安撫巡視此地。皇帝自己在朝中主持科考選拔人才事務。

鎮遠祝聖橋

劉伯溫在領旨後，便出發了，他先是路過四川，後又進入雲南，最後來到了貴州。劉伯溫在來到鎮遠古鎮時已經到了盛夏的季節。

一天，劉伯溫在遊覽青龍洞、中元洞後，已經接近了正午時分。走到祝聖橋上的亭閣內，一陣涼風吹來，頓覺神清氣爽，於是在亭閣內坐下，正欲閉目養神，不料清風陣襲，肩後帽帶不停敲打他的雙眼皮。

劉伯溫不禁一驚的說道：「莫非上天怪我不認識此地的風水嗎？」

然後睜眼環視一下四周，只見祝聖橋北接孔聖廟，南連中元禪院，好像明白了什麼似的，便問隨行的鎮遠知府：「此閣何名？」

知府答道：它還沒有取名字，因為路過人常在此避雨乘涼，所以人們都稱它為「風雨亭」。

劉伯溫隨即嘆道：「這原本是天賜的好風水，你們卻沒人給它個好名字，怪不得貴州出頭學子這麼少！」

回到知府衙門，劉伯溫揮筆寫下「魁星閣」三個大字，又在另一張紙上畫了一幅：魁星立於書案後，隔案舉筆正向案前一隻欲飛仙鶴頭頂點去的圖。

然後，劉伯溫對知府說：「祝聖橋上的風雨亭，從此應該叫做「魁星閣」，明白了就選擇一個開工的好日子，按照此圖在閣樓上塑魁星一尊供奉，案前仙鶴務必用銅鑄成，日後貴州便可有奇才出世了。另外，一定要在當月之內竣工。」

第二天，劉伯溫便乘船離鎮赴京去了。

劉伯溫入京後，匆匆去見皇帝覆命。

皇帝剛好擬定完殿試題，閒坐在書案後面。看見劉伯溫滿面風塵趕來，便說：「請簡單說說你這次出行的收穫吧！」

鎮遠祝聖橋

鎮遠祝聖橋

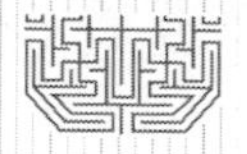

劉伯溫說道：「雲貴山川秀麗，物產豐富，民風淳樸，唯獨讀書人太少，而且他們那裡道路崎嶇，很難與外界接觸。假如皇上憐恤他們，我覺得，五百年後這裡一定會賽過江南！」

皇帝面帶不悅地說：「我認為這些都是日後的事，並非你我能看到的。說完，皇帝告訴劉伯溫，如果三天後的殿試你能猜中新科狀元姓名，我便相信你的話。」

劉伯溫連忙說：「報告皇上，此乃是天機不可洩露，目前我已經備下密囊一個，裡面寫著他的名字，並在貴州鎮遠府祝聖橋上魁星閣內，設下了一個案子來作證，等您裁定之後，拆開囊封，便可證明了。」

這件事很快便傳開了，所有人都替劉伯溫感到擔憂，因為如果他的話沒有應驗的話，自己的性命可就難保了。

殿試完了以後，皇帝親點貴州桐梓人夏銅鶴為頭名狀元。馬上命令在殿前拆開密囊，果然內書「夏銅鶴」三個字。滿朝廷文官、武官都驚呆了。

貴州祝聖橋

皇帝卻問劉伯溫：「你在鎮遠所設的案證是什麼？」

劉伯溫說：「魁星拿起筆來在案上畫了一幅點銅鶴頭頂的圖。將圖呈給皇帝。」

皇帝看了半天，又問劉伯溫：「這個圖不是專門為作為物證所設的吧？」

劉伯溫說：「確實並非這樣，我在巡視雲貴期間，對夏銅鶴的才華出眾早有耳聞，恰好趕上他進京城應試，不曾見上一面。於是，夜晚觀察天象，看見一顆孤星游弋北西南方，其間有淡淡烏雲阻隔，以致時明時暗。」

「我苦思了數日，也不明白其中的預兆是什麼？直至行到了鎮遠，看到城北『白未倒斗』山下，建有孔聖廟一座，與之隔河相望的竟然是修建於懸崖絕壁上，佛、道兩家的一片寺院亭閣。絕壁西南頭名青龍洞，東北頭為中元洞，兩洞彼此貫通。」

「當地土人又跨舞陽河修成祝聖橋，使中元洞與孔聖廟間暢行無阻，大有儒、佛、道互濟之象。只有橋面中間所建的亭閣，被百姓稱為『風雨亭』竟含阻隔。臣便給它取名『魁星閣』，並在閣樓上設此案供奉，以求上蒼護佑導引，使貴州有用之才能夠為聖上效力。」

「我臨入京之前，再次觀測天象，看到原孤星與北近在咫尺，中間隔著的雲盡都散去了，所以才敢確定新科狀元必定是夏銅鶴。」

這便是發生在祝聖橋上的一個奇聞逸聞了，經後世相傳，祝聖橋便因魁星閣而聞名天下了。

【閱讀連結】

祝聖橋位於貴州省鎮遠縣城東中河山。說到這座橋，還和張三丰有關。

據說，修這座橋的時候，給橋墩下腳就碰到了難題：河底淤泥太厚，挖不到底。眾石匠苦苦思索，無有良策，工程停下多日。

張三丰見了，卻哈哈大笑，說：「基腳挖成這樣，已經行了，只是差一樣東西墊在下面。」

張三丰找了個竹籃，去到街上買了一籃豆腐，晚上來到橋基地方，往每個基腳坑裡撒了一些豆腐，口中還唸唸有詞。

第二天，眾人出工來到工地，往基坑一看，不禁大吃一驚！原來基坑底是整塊的大青石，穩穩噹噹。就在青石上砌上了橋墩，所以鎮遠人都說祝聖橋是張三丰用豆腐墊的底。

祝聖橋的建構與美譽

祝聖橋始建於公元一三八八年，名「舞溪橋」，由鎮遠土司思南寬慰使田大雅與鎮遠土知州何惠同奏請朝廷修建，但沒有建成。

祝聖橋景觀

後來在公元一六〇九年重修，至公元一六二八年才告竣工，前後歷經約兩百五十年時間，前後經過多次毀壞與重修。

貴州祝聖橋

祝聖橋位於貴州的鎮遠古鎮，鎮遠在元代曾是一個軍事重鎮，由於地處滇尾楚頭，從西往東走前面是雲南、東邊就是楚國。

元世祖忽必烈看到了鎮遠特殊的地理位置，派了大量的軍隊駐守在這裡，因此需要不停的輸送物資，南來北往的商人不斷的雲集到這裡來，於是鎮遠這個三點一平方公里的彈丸之地便從軍事重鎮轉化成了商業重鎮。

而過去鎮遠的交通主要是以水路為主，水路運輸十分發達，在沒有修橋之前採用渡船、浮橋很不方便，當地官員看到這種情況後便修了這座橋。

公元一五〇九年，王陽明淒涼地走過祝聖橋，闢開重重驛道，到修文龍場駐守，沿途的古藤、昏鴉、老樹，無不給王陽明淒然之感。

抵達鎮遠之際，他寫下《鎮遠旅邸書札》：

別時不勝淒惘，夢寐中尚在西麓，醒來卻在數百里外地也。相見未期，努力進修，以俟後會。即日已抵鎮遠，須臾放舟行矣。

王陽明萬萬沒有想到的是，這種絕望的心境讓他在一個偏遠之地找到了人生的出口，在無人之境修煉頓悟「陽明心學」，開創陽明學派，成為人類文明史上的一個重要里程碑。

公元一七二三年是最後一次修復，其中一次修復竣工時，正值康熙皇帝聖誕，為向聖上祝壽，於是舞溪橋被正式更名為「祝聖橋」。

鎮遠祝聖橋

貴州祝聖橋

公元一八七八年，鎮遠知府汪炳敖倡捐修，建魁星閣於滇黔學子進京趕考必經的祝聖橋上，希望能夠魁星點斗，高中狀元，故老百姓又稱其為「狀元樓」。

魁星閣位於祝聖橋的東起第三孔與第四孔之間的橋面上，該樓為三層重檐八角攢尖頂結構。

在魁星閣兩側「掃淨五溪煙，漢使浮槎撐斗出；闢開重驛路，緬人騎象過橋來」的經典對聯真實地記錄了公元一八一九年六月緬甸人多次騎象赴京朝貢路過這裡的重要史實以及名城鎮遠昔時曾為南方絲綢之路上水陸通衢的歷史見證。

貴州鎮遠有著十分優越的地理位置，通過湘黔古驛道可深入貴州腹地和雲南，直達緬甸。而因為陽河連接沅水，進入洞庭湖後，經過祝聖橋舟，向北可達京城，順流而下，向東可達沿海各地。

因此，祝聖橋所處的地理位置可以說是古代西南邊陲與長江中下游交往的動脈和捷徑。

鎮遠祝聖橋

祝聖橋不僅曾是小城連接陽河兩岸的唯一通道，也是滇黔古驛道上的重要通道，它的建成不知道見證了多少湘黔商旅和文人墨客的落魄與輝煌。因此，它承載的使命遠遠不是一座普通橋梁所能比的。

祝聖橋是一座歷經六百多年的歷史滄桑，光是修建的年代就長達兩百五十年的古橋，同時又是中國西南的要道，這樣的一所橋擁有的文化內涵，在漫長的歲月長河中所起的作用是巨大的。

【閱讀連結】

公元一四八八年的一個黃昏，知州周瑛走過祝聖橋。

在赴京纂修憲宗皇帝《實錄》途中，周瑛背著一袋米從祝聖橋走出去，漁人跟隨，漁人帶著水獺，水獺用於捕魚。他們邊走邊欣賞風光，餓了，漁人放水獺到舞陽河裡打魚來燒著吃，周瑛生火，搭鍋煮飯。

看著魚兒在清澈的水裡游動，周瑛捧著書本在河岸邊閱讀，一會兒看看山，一會兒看著捕魚人，一會兒想著書上的文字，是真是幻都已分不清了。

國家圖書館出版品預行編目（CIP）資料

橋的國度：穿越古今的著名橋樑 / 齊志斌 編著 . -- 第一版 .
-- 臺北市：崧燁文化，2019.12
面；　公分
POD 版

ISBN 978-986-516-166-8(平裝)

1. 橋樑 2. 歷史 3. 中國

441.8　　　　　　　　　　　　108018735

書　名：橋的國度：穿越古今的著名橋樑
作　者：齊志斌 編著
發 行 人：黃振庭
出 版 者：崧燁文化事業有限公司
發 行 者：崧燁文化事業有限公司
E-mail：sonbookservice@gmail.com
粉 絲 頁：　　網 址：
地　址：台北市中正區重慶南路一段六十一號八樓 815 室
8F.-815, No.61, Sec. 1, Chongqing S. Rd., Zhongzheng
Dist., Taipei City 100, Taiwan (R.O.C.)
電　話：(02)2370-3310 傳　真：(02) 2388-1990
總 經 銷：紅螞蟻圖書有限公司
地　址: 台北市內湖區舊宗路二段 121 巷 19 號
電　話:02-2795-3656 傳真 :02-2795-4100　網址：
印　刷：京峯彩色印刷有限公司（京峰數位）

定　價：299 元
發行日期：2019 年 12 月第一版
◎ 本書以 POD 印製發行